知って楽しむ

ハチ暮らし入門

◆刺されない方法 ◆安全な駆除 ◆無農薬畑での飼い方

安藤竜二 著

農文協

はじめに

私は、山形県の朝日連峰大朝日岳の山麓で養蜂を営む両親のもとに育ち、現在は日本で初めて蜜ろうキャンドルの工房「ハチ蜜の森キャンドル」を立ち上げ、30年以上その製造をしている者です。この蜜ろうは、ミツバチの巣が材料です。

私はとにかくハチが大好きです。工房には、ガラス越しにセイヨウミツバチの生活が覗ける観察巣箱を置き、窓ガラスにはアシナガバチの種類別に巣箱を幾つも取り付けて観察しています。また工房の外壁には、葦や細竹のパイプを設置してマメコバチやドロバチの産卵場所を作り、外ではニホンミツバチも飼っています。この様子を見たお客さまには「蜂館（はちやかた）」と呼ばれています。

そんな私ですが、子供の頃はハチが大嫌いでした。小学3年生の時のことです。養蜂家の両親がミツバチの世話をしている間、終わるまで私は一人で遊んでいました。「巣箱に近付いてはダメ」と聞いていたはずですが、きっと、走り回っているうちに近付いてしまったのでしょう。ハチは早い動きが大嫌いなのです。突然、身体中にチクチクと激しい痛みを感じました。顔や頭、腕など数カ所を刺されてしまったのです。すぐに針は抜いてもらいましたが、猛烈な痛みに泣きまくったのを覚えています。

まもなく身体中に寒気が走り蕁麻疹（じんましん）が出て、猛烈な痒みに襲われました。病院に行くと、今度は大きな注射針を刺されてしまいました。今でも3匹以上に同時に刺

アシナガバチ

巣作りをするキアシナガバチの母バチ

巣の根元の部分（巣柄）を割り箸で固定し畑に移住する

されると一瞬、頭がパニックになりますから、当時の私には相当ショックだったはずです。なにしろ「絶対に、大人になってもハチはしない」と宣言していたそうです。

今思うと、あれがハチからの洗礼だったのでしょう。私はそれ以来、ハチに怯えながらも「どうしてハチは、あんなに痛い針を持っているのだろうか」と、真剣に考える子供になりました。虫全般が好きだったので、ハチだけが特別な武器を持っていることが不思議だったのです。その答えは成長と共に少しずつわかるようになり、青年になった頃には納得する答えが見つかりました。

ハチは自然界で大切な生き物だからこそ、針を持たされたのです。

もしミツバチが針を持っていなかったら、いとも簡単に人間にハチミツを奪われ、絶滅してしまったでしょう。なにしろ自然物にはこれほどまで甘いものは、なかなか存在しないのですから。ですがそうやってミツバチがいなくなってしまったら、多くの植物たちは受粉できず、野山にも畑にも実りがもたらされなくなってしまいます。こうなると、人間や動物たちの食べられるものが減ってしまいます。

もしスズメバチやアシナガバチが針を持っていなかったら、いとも簡単に人間に幼虫たちを食べられ、絶滅してしまったでしょう。なにしろ蜂の子は美味しいので、日本はもとよりアジア各国でも食されています。このあたりでも年配の皆さんから、スズメバチやアシナガバチの幼虫を炒めておやつにした話はよく聞きましたし、私自身も養蜂で働かないオスバチを間引き、その蛹を醤油と蜂蜜で油炒めしたものは、子供の頃からの大好物です。

ですがそうやってスズメバチやアシナガバチがいなくなってしまったら、彼らが

スズメバチ

コガタスズメバチの初期の巣。徳利をひっくり返したような形の巣を作る

屋根裏や軒天だけでなく、軒天の中、壁の中、そして縁の下や樹の枝など様々なところに巣を作る

エサとしている虫やイモムシなどの害虫が増えてしまい、実りがもたらされなくなってしまうでしょう。こうなってもまた、人間や動物たちの食べるものが減ってしまいます。

ハチも自然も大好きだった私は、こうしたことを想像できるようになってからハチをほかの虫よりもっと尊敬の目で見られるようになり、いつのまにか愛おしい存在に変わっていったのです。この気持ちは、歳を重ねた今も変わりません。

しかし現代社会においては、必要以上にハチを恐れ過ぎ、身の回りから遠ざける価値観ができあがってしまいました。もはやミツバチ以外のハチは〝絶対悪〟とされ、駆除されるのがあたりまえです。

たしかに住宅に営巣してしまったスズメバチとの共生は、むずかしいです。ですがアシナガバチをはじめとするハチの多くは実は温厚で、その生態を知れば、恐れなくていいハチたちがほとんどなのです。それなのに無下に駆除されてしまうハチたちのことを思うと、胸が痛みます。こうした思いが募り、ハチ好きな私が提案できる「ハチと共存する生き方＝ハチ暮らし」を、本書にまとめてみようと思い立ちました。

もしかしたらハチが嫌いな方にとっては、本書はきわめつけの〝悪書〟になってしまうかもしれません。でもそのような方にこそ、ぜひ読んでいただきたいのです。

本書を手に取っていただくことで、ハチたちとの「ソーシャル・ディスタンス（社会的距離）」は保ちつつ、心の距離は縮め、共に仲良く暮らせる手助けになれば幸いです。

ミツバチ

初夏の「巣別れ」の時期。セイヨウミツバチなら1万匹以上が巣を飛び出し乱舞する

軒天の営巣群を「吸蜂掃除機」で捕獲する。ハチミツで手がベタベタになるなど苦労する

本書に登場するハチたち

刺す！ アシナガバチ

人間を攻撃するピークは、
働きバチの増える7月～8月。

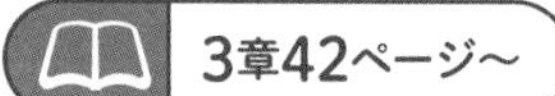

キアシナガバチ

フタモンアシナガバチ

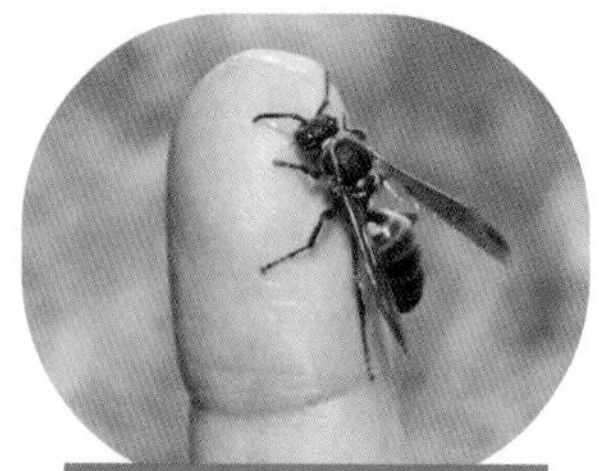
キボシアシナガバチ

セグロアシナガバチ

コアシナガバチ

ホソアシナガバチ

ほとんど刺さない！ その他のハチ

手で掴むなど人間がハチを
驚かさなければ、
ほぼ刺さない。

6章148ページ～

←花粉交配するハチ

バラハキリバチ

クマバチ

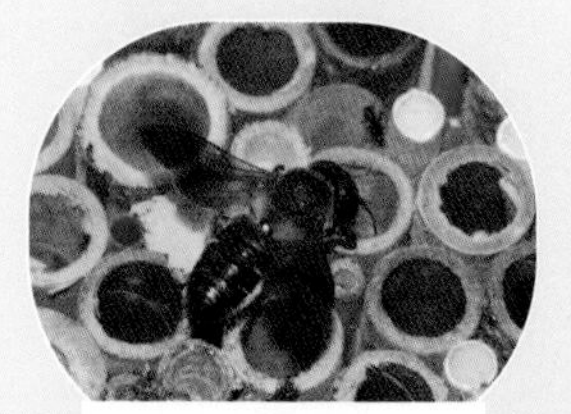
オオハキリバチ

オオマルハナバチ

トラマルハナバチ

ツツハナバチ

刺す！
スズメバチ

8月の中旬あたりから被害が増え始め、
人間を攻撃するピークは9月。

4章86ページ～

キイロスズメバチ

オオスズメバチ

コガタスズメバチ

チャイロスズメバチ

ヒメスズメバチ

モンスズメバチ

刺す！
ミツバチ

社会性昆虫で一年中群れで
過ごすため、巣箱に近づく
人をオールシーズン刺す。

5章120ページ～

セイヨウミツバチ

ニホンミツバチ

イモムシを狩るハチ

サイジョウハムシドロバチ

オオフタオビドロバチ

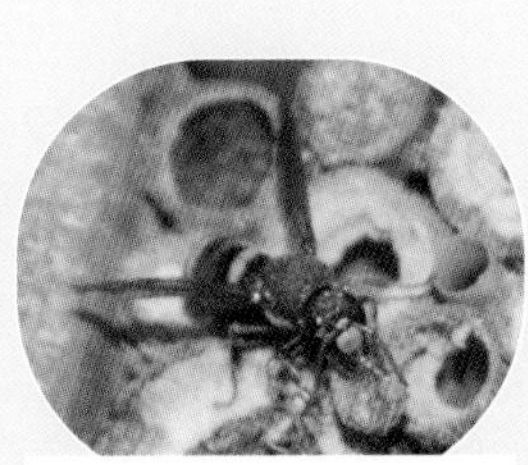
エントツドロバチ
（オオカバフスジドロバチ）

フタスジスズバチ

バッタ類を狩るハチ

アルマンアナバチ

シリアゲコバチ

寄生するハチ

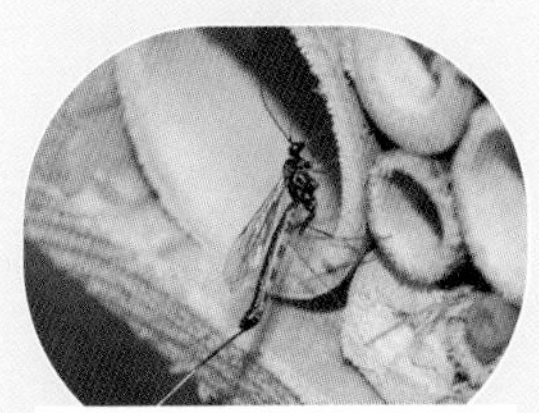
シロフオナガヒメバチ

最上川
アシナガバチ畑移住
プロジェクト
初夏〜夏（6月〜8月）
蜜ろうハンドクリーム作りワークショップ、
ハチのおうち作りワークショップ
真冬（1月〜3月）

ハチ暮らしMAP

地域とかかわり合って成り立つ
安藤さんの「ハチ暮らし」をMAPで紹介

朝日連峰

大朝日岳

養蜂の手伝い
春（4月〜6月初め）

朝日川

ハチミツ搾りワークショップ、
ミニハチ博物館（工房内）の運営
真夏（7月〜8月）

蜜ろうキャンドル
製造の繁忙期
秋〜冬（10月〜12月）

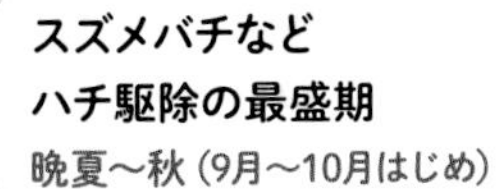

スズメバチなど
ハチ駆除の最盛期
晩夏〜秋（9月〜10月はじめ）

安藤さんのハチ暮らしの一年

春（4月〜6月初め）

養蜂の手伝い

花粉交配のためにさくらんぼ畑やリンゴ畑へ巣を移動させたり、ハチミツを採蜜します。巣の蜜蓋や無駄巣を切り取り、蜜ろうキャンドルの材料となる蜜ろうを精製します。

1章10ページ

初夏〜夏（6月〜8月）

アシナガバチ畑移住プロジェクト

アシナガバチが畑のイモムシを駆除してくれる益虫。巣をみつけたら駆除するという選択肢だけでなく、無農薬畑に巣箱を移住して畑で活躍してもらい、共生をはかる方法をおすすめします。

3章57ページ

真夏（7月〜8月）

ハチミツ搾りワークショップ、ミニハチ博物館の運営

ハチミツ搾りワークショップでは、手ぬぐいやサラシ布を縫って適当な大きさの袋を作り、砕いた巣を入れて搾ります。親子の体験教室でも大人気のメニューです。

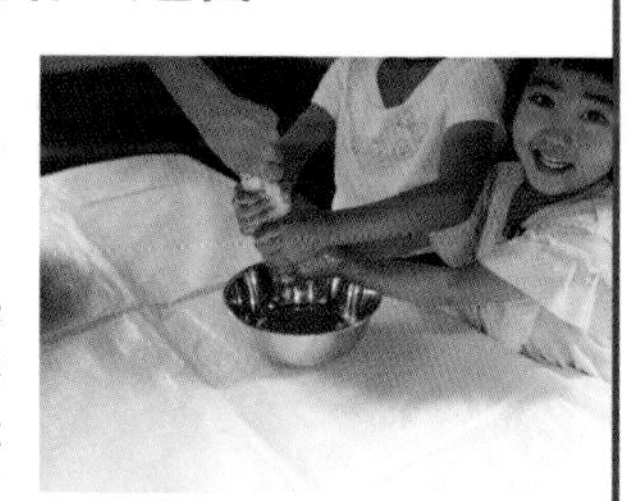

1章13ページ
5章131ページ

晩夏〜秋（9月）

スズメバチなどハチ駆除の最盛期

働きバチが増えて群れが大きくなると、攻撃力が増してきます。攻撃範囲は巣の大きさに比例して広がるので、スズメバチの生態を知り安全な駆除方法を選ぶことが欠かせません。

4章90ページ

秋〜冬（10月〜12月）

蜜ろうキャンドル製造の繁忙期

1988年に工房を始めてから、秋が深まりクリスマスの頃は製造で大忙し。蜜ろうキャンドルを灯すたび、この光をもたらす自然の恵みに思いをはせてもらうことを願いながら製造しています。

1章16ページ
5章134ページ

真冬（1月〜3月）

蜜ろうハンドクリーム作りワークショップ ハチのおうち作りワークショップ

屋内でできるワークショップを各地で開いています。蜜ろうとオイルからつくるハンドクリーム作りも、竹パイプを使った「ハチのおうち」作りも、子供から大人まで楽しめます。

1章13ページ
6章162ページ

目次

1章 ハチと共生する、私の楽しい「ハチ暮らし」

2章　知っておきたい！　ハチの生態

3章　アシナガバチ

4章　スズメバチ

スズメバチの生態

付き合い方

駆除の道具

5章　ミツバチ

6章　クマバチ、マルハナバチ、ドロバチ

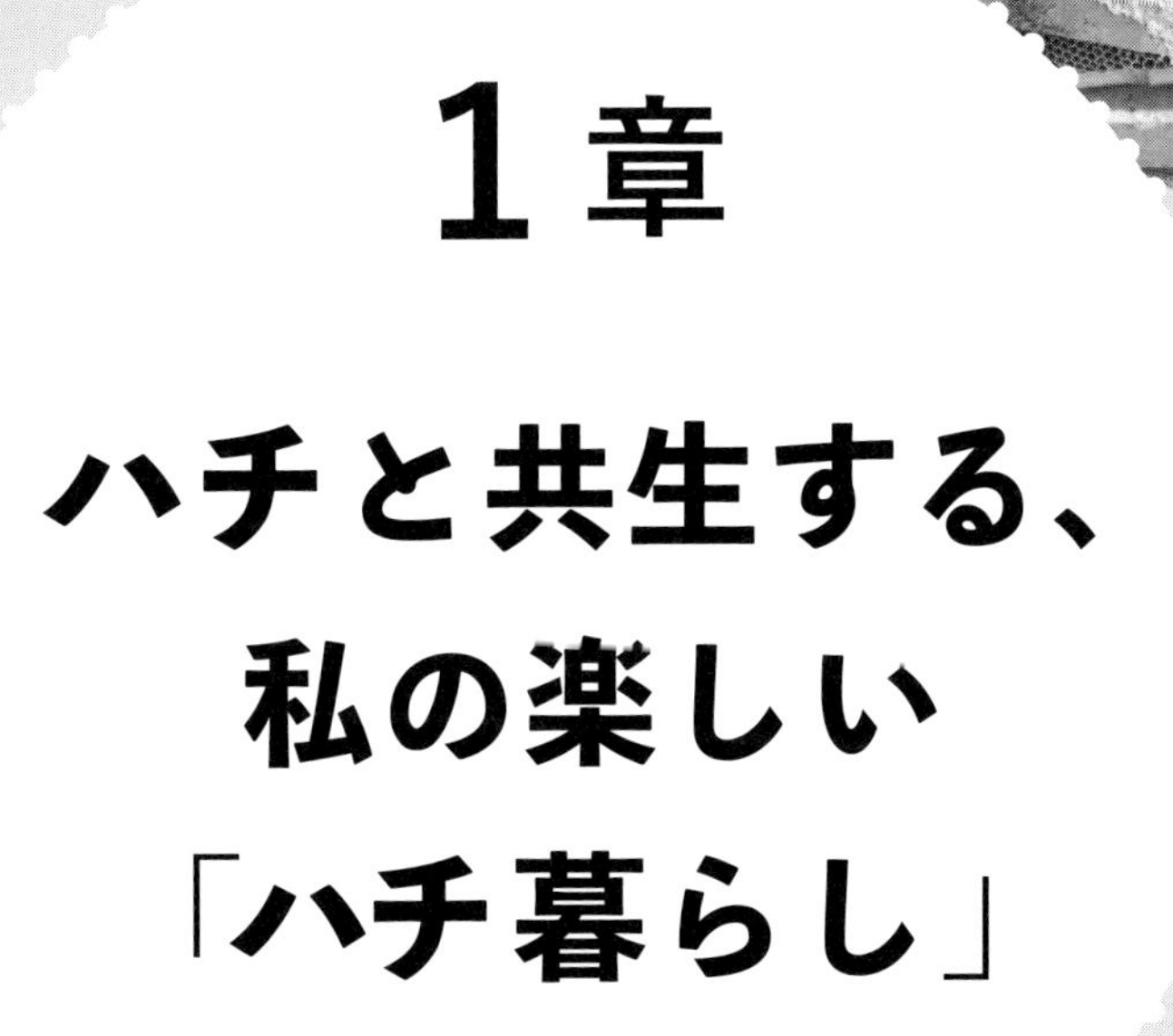

1章

ハチと共生する、私の楽しい「ハチ暮らし」

私の生い立ち——養蜂家族の下に生まれて

私の祖父は、朝日連峰の山々を駆けまわる〝山暮らしの人〟でした。炭焼きをベースに、春はゼンマイやタケノコなどの山菜を採り、初夏は20群ほど飼っていたミツバチからハチミツを採り、夏は薬草、秋はきのこ、冬は「捌(は)けご」などのつる細工やかんじきを作り、鉄砲でクマやウサギ、山鳥などの野生動物を狩り、その剥製も作っていました。さらには山形県で初めて、渓流魚であるヤマメの養殖も成功させました。いろいろな生き物たちを上手に飼うことにも長けていて、祖父の家はまるで小さな動物園のようでした。

養子に入った父は、祖父のハチミツで胃潰瘍が治ったことをきっかけにミツバチを飼い始め、しだいに群れを増やし１５０群以上の専業養蜂家になりました。冬は毎年、南房総でミツバチを越冬させていたので、私たちも年末年始休みや冬休み、春休みを利用して家族で海女小屋を借りて暮らしました。私は落ちている貝殻や、引き潮で海岸の水たまりに現れる小さな生き物たちに、毎日歓喜しました。私にとって千倉瀬戸浜海岸は大切な第2の故郷です。こうした養蜂家族の下で育ったおかげで、夏は山の子、冬は海の子という、貴重な経験をすることができたのです。

また子供の頃から、図画工作と、虫などの生き物が好きだった私は、下宿して通っていた高校を卒業すると養蜂を継ぐべく家に戻りました。しかし数年後、ミツバチが巣を作るために自ら分泌する「蜜ろう」にときめき、そのキャンドル作りに熱を上げて独立しました。テーブルキャンドルを灯す文化のなかった日本でしたが、幸いなことにまだ製造する人がいなかったことから、もの珍しさもあって買っていただくことができました。そして工房「ハチ蜜の森キャンドル」を、１９８８年に山手にある祖父の家の跡地に構えました。

家業の養蜂はその後、弟の安藤忍（さくら養蜂園園主）が継いでくれて、２００群を飼育するようになりました。キャンドル製造だけでは賄えない生活費は、家業の養蜂で春に行う採蜜の手伝いが、いいアルバイトになりました。また養蜂家はしばしば地域のハチ駆除を依頼されるのですが、18歳からはじめたその駆除歴は、40年でのべ１５００巣以上にのぼります。こうした自営業の暮らしで、しだいにさまざまなハチと自由に関われるようになっていきました。収入源になるかならないかにかかわらず、気づいたらほぼ一年中ハチと関わる、「ハチ暮らし」をするようになっていたのです。

狩りバチの研究者、松浦誠先生との出会い

もう30年近く前のことになりますが、玉川大学ミツバチ科学研究センター主催の研究会に、毎年参加していた時期がありました。そこで故松浦誠先生のスズメバチについての講演を聞く機会があったのです。松浦先生は当時、三重大学生物資源学部教授で「社会性狩りバチ」の研究者としてたくさんの論文や書籍を執筆されていた方です。お会いした時、顔つきがなんとなく、(研究対象の一つである)スズメバチに似ている」と思いました。

講演では、さまざまな養蜂家が知っておくべきスズメバチの生態について、詳しく教えていただくことができました。特に、ミツバチの天敵であるキイロスズメバチの群れに、チャイロスズメバチの女王バチが1匹で乗りこみ、キイロスズメバチの女王を殺して群れの女王に君臨する話には驚きました。ただしチャイロスズメバチの生息数が少なくなっていて、研究がなかなか進まない状況とのこと。山形県ではたびたび見かけるハチだったので、三重県では少なくなっていると聞き、また驚きました。

講演後の質疑応答の時間に、以前から謎だったことを手を挙げて聞いてみました。「スズメバチの巣は生き物ではないのに、なぜ、丸い形のまま大きくなるのか?」という質問です。会場からは失笑する声が多数聞こえてきました。養蜂に関わる質問が多いなか、場違いな内容だと思われたようです。しかし松浦先生は優しく「スズメバチは木の表皮をかじり、唾液で団子状にしたもので巣の外壁を何層にも重ねて作る。それと同時に、巣の中をどんどん削って噛み砕き、さらに柔らかくきめ細かい紙状のものを作って、幼虫が育つための巣板を作っているのです。だから丸い形を壊さずに巣を大きくすることができるのです」と教えてくださいました。

講演を聞いたその年の夏のこと。偶然、チャイロスズメバチの巣を駆除する機会がありました。私は松浦先生のことを思い出し、駆除した後の巣を丸ごと、三重大学の研究室に送ってみました。するとすぐにお礼の電話をいただいたので、山形にはまだチャイロスズメバチがいることを伝えると、「女王バチを捕獲して送ってほしい」と頼まれました。松浦先生は実際に、チャイロスズメバチがキイロスズメバチの巣を乗っ取るところを研究されたかったのです。「お安い御用です」と答えると、まもなく大きな箱に入ったたくさんの虫籠が届きました。

その翌年から2年間、春先にチャイロスズメバチの女王バチを捕まえては、松浦先生の指示どおりに脱脂綿に薄めたハチミツを染み込ませたものも一緒に入れて、宅配便で送ることを繰り返しました。20匹ほどはお送りできたと思います。

私は松浦先生の研究のお手伝いができることがうれしくて、がんばりました。お礼に先生の著書を数冊いただきましたが、その中には高額で手の出なかった『図説　社会性カリバチの生態と進化』（北海道大学図書刊行会）も含まれていて、大喜びしました。これらの書籍はその後、私の「ハチ暮らし」の大切なバイブルとなったのでした。

ハチで生計を立てる、私の生活

私の生活がどれだけハチと関わっているか、収入におけるパーセンテージを調べてみたことがありました（下図）。

さらに3章で紹介する「アシナガバチ畑移住プロジェクト」の取り組みも、現在は研究段階なので実費をのぞきほぼボランティアですが、全国に広めるためにも6年目の2023年からは、駆除依頼者と農家から代価をいただくシステムを構築しようと考えています。あらためて考えると、私の生活はほとんどハチ関連ということになります。

〈収入におけるハチとの関わり〉

- 蜜ろうキャンドルの製造と販売：50%
- ワークショップや体験教室、出前授業などの講師業：20%（キャンドル、ハンドクリーム、ハチのおうち作りワークショップ、ミツバチ観察会、蜜源の森の案内など）
- 蜜ろう販売：15%
- 実家の養蜂手伝い：7%
- スズメバチなどのハチ駆除：5%
- 無農薬畑での家庭菜園（自給用）：1%
- 養蜂（自給用）：0.5%
- 山菜、きのこ、渓流魚など、山や川からの採取（自給用）：0.5%
- ハチミツ加工（自給用）：0.5%
- アシナガバチやドロバチの巣箱の製造・販売：0.5%

ではここで、私のハチにまつわる一年の暮らしがどのようなものか、紹介しましょう。

春（4月〜6月初め）

養蜂の手伝い

春は養蜂の仕事がもっとも忙しい季節なので、家業の養蜂業で弟を手伝っています。4月に南房総から戻ったハチたちを、花粉交配のためにサクランボ畑やりんご畑へ「入地（にゅうち）」させ、ハチの移動を手伝います。

朝日岳のふもとで営む、家業の養蜂業

トチやキハダの咲く5月〜6月は、ハチミツを採蜜する時期です。これを手伝いながら、本業のキャンドル製造に使うミツバチの巣の収穫も行います。採蜜作業は、毎朝3時に起きて現場に向かうハードな作業です。日中、ミツバチたちが花から集めた新しい蜜は水分が多く、そのままでは発酵してしまいます。そのため働きバチたちは巣の中にある小部屋に蜜を貯蔵し、一晩中かかって羽根をふるわせてその温度を上げ、余分な水分を蒸発させています。こうして苦労して熟成・濃縮させてできあがったハチミツを、養蜂家は朝一番に感謝しながら収穫するのです。

ハチミツを収穫する時は、巣にある「蜜蓋（みつぶた）」と「無駄巣」

巣の蜜蓋を切り取って
ハチミツを収穫する

も切り取り収穫します。ミツバチは巣穴の蜜が満タンに貯まると蜜ろう製の蓋をかけます。この蜜蓋を切り取らないと、遠心分離機で巣を回しても蜜は出てきません。また、巣板（ミツバチの巣穴が並んだもので、木枠の中に作られている）の下などの隙間にも無駄巣を作ってしまいます。無駄巣があると管理しづらいので切り取ります。養蜂にとっては不要なこれらの巣が、私の本業である蜜ろうキャンドルの材料になるのです。

朝の採蜜から帰るとすぐに、今度は巣の精製作業をして蜜ろうを塊にする作業が待っています。そのほか、通常どおりキャンドル製造の注文もこなさなくてはならないので、私にとっては春が、寝不足が続く一番ハードな季節です。

初夏～夏
（6月～8月）

アシナガバチ畑移住プロジェクトの実施

6月になるとアシナガバチ駆除の依頼が入り始めます。「アシナガバチ畑移住プロジェクト」の活動時期の始まりです。春に引き続き採蜜の手伝いとキャンドル製造も重なって、たいへん充実した毎日になります。

アシナガバチは、野菜を食い荒らす害虫である、イモムシを狩って幼虫の餌にします。その性質を利用して、アシナガバチを殺さずに、有機栽培や自然栽培など無農薬で野菜や果樹を作る畑に巣ごと移住させ、害虫防除の役を担ってもらうのです。

これまで毎年平均30群前後、5年間で160群（2022年7月現在）の移住を成功させました。全国にこの方法を普

アシナガバチを殺さずに巣ごと畑に移住させて害虫防除する「アシナガバチ畑移住プロジェクト」

及させるためにブログやSNSなどで発信し、実地講習会や移設巣箱の販売もしています。

　養蜂家が花粉交配用にミツバチを貸し出し、農家から収入を得ているように、もっと移住の成功率を高めて、いつか〝アシナガバチ養蜂家〟として報酬をいただけるようなシステムができたらと考えています。2021年からは、アシナガバチの狩りが終わる9月〜10月の対策として、イモムシ狩りをしてくれるドロバチたちの集団繁殖も試みています。

真夏
（7月〜8月）

工房でのワークショップ、ミニハチ博物館の運営

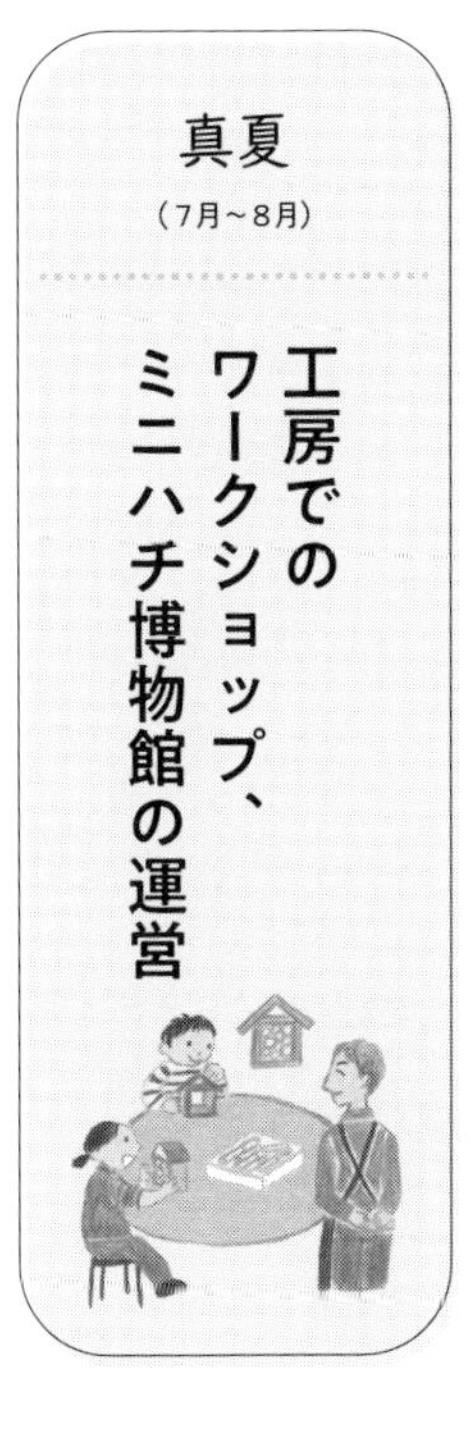

　夏休みは工房で開催する「ハチ蜜の森体験教室」に多くの子供たちを受け入れています。本業の「蜜ろうキャンドル作り」はもちろん、近くにある弟の養蜂場を訪ねて、巣箱を開けて覗いてみる「ミツバチ観察会」、蜜源の森を訪ねる「ハチ蜜の森歩き」など、養蜂を通じた〝自然の恵み〟を感じてもらう活動です。
　子供たちの滞在時間に合わせてプランを立てますが、近くにAsahi自然観という宿泊施設があるので、1泊2日で夜はキャンドル点灯会もして、たっぷり体験していく団体もおられます。もう30年以上続けており、かつて参加した子供がご自身の子供を連れて参加してくれるようになりました。
　農作物の花粉交配を担ってくれるミツバチだけでなく、いろいろなハチたちが実は益虫であることを実感してもらうために始めたのが、葦やイタドリ、細竹などのパイプで作る「ハチのおうち作りワークショップ」です。ベランダや窓辺に、このハチのおうちを置いておけば、季節ごとにやってく

「ハチのおうち作りワークショップを楽しむ子供たち

るいろいろなハチが産卵し、餌を運ぶ様子を観察できます。

ここ山形では、花粉交配するハチ、イモムシ狩りをするハチ、中にはハチに寄生するハチなど毎年10種類以上を見ることができます。このワークショップを始めた当初は「ハチを扱うなんて危ない」と敬遠されていたのですが、人が触らなければ刺さないハチしか集まらないことをわかってもらい、やっと認知されはじめました。

また、身近なハチに目を向けてもらおうと、「ハチさがし散歩」も時々行っています。これは地域にある通りを歩いて、公園や家の花壇、畑などで、花を訪れるハチを観察する散歩です。軒下にアシナガバチを見つけられたら、ラッキーです。山手の集落だと、軒先にスズメバチの巣を見つけることもあります。その際は、スズメバチに襲われない方法を話してから、参加者みんなで、巣のギリギリまでそーっと近づき観察します。実家のハチ場がある山奥の集落で開催した時は、最後にミツバチ観察会も行い、さまざまなハチを見つけて盛り上がりました。

工房の2階には25年ほど前から、夏の間は観察巣箱を設置しています。扉を開けると、ガラス越しにセイヨウミツバチの巣があり、巣の中の暮らしを覗ける仕組みです。ガラス1枚を隔てて、女王バチが産卵する様子や、働きバチが幼虫に餌やりをするところ、巣の中を掃除するところなどの生態を観察できます。特に午前中によく見られる、蜜のありかを仲間に伝える「尻振りダンス」には感動していただけます。

さらに工房の窓には、いろいろな種類のアシナガバチを移住させ、説明パネル付きの観察ブースも設けています。夏はせっせとイモムシ団子を運び入れ、幼虫に食べさせる様子を目の前で見ることができます。ガラス1枚隔てたアシナガバチたちは、威嚇はしても刺そうとはしません。人間に見られているはずなのに、決してこちらに向かってこない温厚さに

工房に置かれた、セイヨウミツバチの生態が観察できるガラス張りの観察巣箱

驚かれる方が多いです。

工房隣にある「小さなハチ蜜の森」では、毎年2〜3群のセイヨウミツバチやニホンミツバチを飼っています。本当はもっとたくさん飼いたいのですが、本業に時間が取られて世話が行き届かなくなってしまうので、セーブしています。実家のハチ場も近くにありますから、たくさん飼う必要もありません。

このミツバチの群れが集めたハチミツが多い年は、昔ながらの採蜜方法を楽しむワークショップ「ハチミツ搾り体験」を催します。布袋にハチミツの貯まった巣を入れて、手で蜜を搾り取り出すのです。その感触に子供も大人も歓喜します。なめては搾り、なめては搾りを繰り返すと、「こんなに自分の手をなめたのは、生まれて初めて！」という感想がこぼれます。「洗ってもしばらく、手に残るハチミツの香りをずっと楽しめた」という感想も届きました。地元の小学校が廃校するまでは、校庭でニホンミツバチを飼いハチミツ搾りを行っていたのですが、やはりなにより盛り上がる楽しい時間でした。

かつては、採れたハチミツを工房で販売したこともありました。ちょっとした副収入になるのですが、やはり本業優先ですので現在はあきらめています。いつか蜜ろうキャンドルの仕事が落ち着いたら、ハチを愛でながらお茶を飲む「ハチカフェ」をするのが夢です。

「ハチミツ搾り体験」で巣から手で蜜を搾り取り出すのに、子供たちも大喜び

晩夏〜秋
(9月〜10月はじめ)

スズメバチ駆除の最盛期

夏の終わりから秋は、毎晩のように「スズメバチの駆除」に追われます。もう40年近く続けていますので、駆除数はおそらく1500群以上にもなっているはずです。その数を思

スズメバチ駆除のようす

うと、ハチが大好きな私は「なんて極悪非道なことをしてきたのだろう」と、懺悔したい気持ちになってしまいます。

本当は殺したくはないのですが、「スズメバチに刺されると死ぬ」と思い込んでいる現代人との共生は難しいのです。たとえそこの家主さんが駆除したくなくても、近所の人たちが許してはくれません。ただし駆除しなくても近所に危害を加えない場所や、晩秋に越冬のために巣を離れる季節は、よく説明して駆除を断っています。

近頃は遠くから業者が駆除しにも来ます。もちろん私も駆除料金はいただきますし、本業が順調ではなかった若い頃は、大切な収入源となっていたことも確かです。

でもこれはもしかすると都合のいい考え方かもしれませんが、ハチを敵視して商売の対象とする業者よりも、ハチを愛する私が「ごめんね。ありがとう」と念じながら駆除する方が、ハチたちも浮かばれるのではないかと思うのです。この思いが高じた現在は、なんとかスズメバチを安全に畑で活躍させられないか農家さんと模索中です。

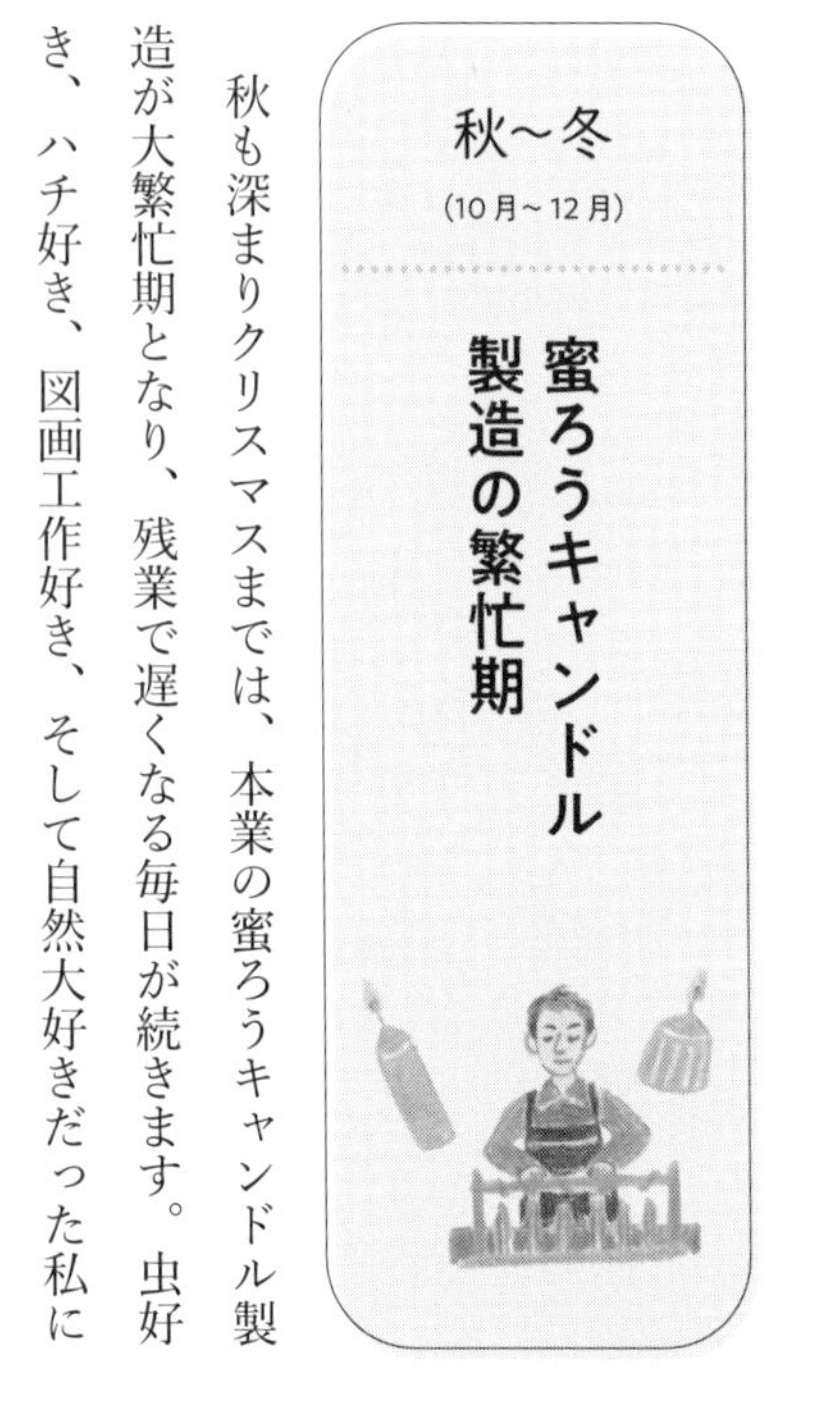

蜜ろうキャンドルを灯す。自然の恵みに思いをはせてほしい気持ちは、製造を始めた当初から変わらない

秋〜冬
(10月〜12月)

蜜ろうキャンドル製造の繁忙期

秋も深まりクリスマスまでは、本業の蜜ろうキャンドル製造が大繁忙期となり、残業で遅くなる毎日が続きます。虫好き、ハチ好き、図画工作好き、そして自然大好きだった私に

とって、こんなに好都合な仕事はありません。

1988年に工房を始めた30年以上前は、日本ではまだ、仏壇や停電の夜に灯すことはあっても、癒しの時間やインテリアのために灯すテーブルキャンドルの文化はありませんでした。それでも、ミツバチの巣からキャンドルが作れることへの驚きは大きかったようで、多くのテレビや雑誌などマスコミの方が取材に来てくださいました。

そのおかげで、工房を立ち上げる際のコンセプトだった「蜜ろうキャンドルを灯すたび、養蜂家とミツバチを育み、この光をもたらしてくれた自然の恵みに思いをはせてほしい」ということを伝えながら、生活できているのは幸せなことだと思っています。

真冬
（1月～3月）

蜜ろうハンドクリーム作り体験が人気、翌シーズンの準備

工房のある朝日岳の麓は、毎年2ｍほどの雪が積もる豪雪地ですので、さすがにハチと直接触れあうことはできず、寂しい季節となります。飼っているミツバチも雪の下で越冬中です。本業の蜜ろうキャンドル製造の繁忙期が続いているので、実家のミツバチを越冬させている南房総に手伝いに行くわけにもいきません。

ですが、屋内でできるワークショップを開催することが多い時期でもあります。特に「蜜ろうハンドクリーム作り体験」は人気で、蜜ろうとオーガニックの植物性オイルを混ぜ合わせるだけで、とても優れたハンドクリームが作れるのです。さらにプロポリス（ハチヤニ）も混ぜれば、殺菌作用もある最強のクリームになります。手荒れで悩んでいる方は想像以上に多いようで、その効果が知れ渡り、県外のイベントに招かれることもあります。

さらに時間を見つけては、翌春から使うアシナガバチやドロバチたちの巣箱の掃除やメンテナンス、新しい巣箱の製作もします。ハチたちに、より快適に暮らしてもらうためにあれこれ考えて作るのは楽しい時間です。販売している「アシナガバチ移設巣箱キット（3章参照）」は、木工師の友人に木材を刻んでもらい、他のパーツと組み合わせて箱詰めしておきます。完成品を求める方もおられるので数箱は組み立てておきます。今は白木のシンプルな巣箱ですが、今後は庭に設置して楽しんでもらえるような洒落た巣箱作りも考案中です。寂しい冬ですが、春が待ち遠しく心がウキウキしてくる

季節でもあります。
私の楽しい「ハチ暮らし」の一年は、このような感じです。

販売している「アシナガバチ移設巣箱キット」を
組み立てた巣箱

2章

知っておきたい！ハチの生態

刺すハチ、刺さないハチの見分け方と生態

刺すのはメスバチだけ

ハチであればどんなハチでも人間を刺すと思っていませんか？　この思い込みを覆すために、私が開催するミツバチ観察会では、あるパフォーマンスをすることがあります。

まず巣箱の中に素手を入れ、「巣板（すばん）」を取り出します。それだけですでに尊敬の眼差しを感じますが、一番の見せ所は、巣板にいるハチの1匹を捕まえて「私とミツバチがどれだけ仲良しかお見せします」と言って、ハチを口の中に入れ、モグモグしてみせるシーンです。子供たちが目を丸くして驚く様子を見るのは、たまらない瞬間です。そして口を開けて元気にハチが出てきたら手に乗せ、丸いお尻を見せて、これが働きバチ（メスバチ）ではなく、オスバチであることを明かします。

ハチの針は産卵管が変化したもので、刺すのは「メスのハチだけ」です。そして、オスバチは針を持っていないから刺せないこと、もともとハチの針は、産卵する時に使う管であることを教えています。

ジガバチやベッコウバチの場合は、獲物である虫を動けなくするための毒針として進化したのですが、ミツバチとアシナガバチ、スズメバチの場合は巣を守るための武器として、近づいてくる生きものを刺すべく進化しました。この3種のハチは通常、女王バチ以外は産卵しないので、普段は攻撃用の針として活用します。ただし群れを育てている最中に女王バチが死んでしまうと、働きバチは産卵をするようになります。つまり産卵管としての機能も兼ね備えた、優れものの針といえます。

ちなみに、ミツバチだけは針にかえし（逆刺）が付いているため、刺すと針が抜けて相手の方に残ります。その針には毒袋と小さな筋肉が付いており、筋肉がピクピク収縮して相手の皮下に深く刺しこまれて、毒が注がれるしくみになって

表1　実録！　刺された回数と痛さランキング

痛い順	ハチの種類	刺された回数	
1位	オオスズメバチ	3回	オオスズメバチに刺された瞬間は、打撲に近い衝撃を感じました。
2位	キイロスズメバチ	十数回	刺されて蕁麻疹が出たことが一度ありましたが、その後は平気に。ついに腫れずに痒くもならなくなった時はうれしかったです。
3位	キアシナガバチ	2回	刺されたのが昔なのであまり記憶にないのですが、フタモンアシナガバチより痛かったのはたしかです。
4位	フタモンアシナガバチ	4回	毎年刺されていますが、私の場合は赤くなってから15分で治ります。刺された瞬間はミツバチより痛くて驚きます。
5位	セイヨウミツバチ	おそらく1000回以上	養蜂の仕事をしていれば、刺されない日もありますが1日に平均1匹は刺されているでしょう。
6位	ニホンミツバチ	数回	私の体がニホンミツバチのハチ毒に慣れていないせいか、セイヨウミツバチとは別の痛みを感じ少し腫れました。
7位	モンキジガバチ	1回	ハチを相当強くつかまない限り刺しません。もしかしたら刺さないのではと、実験のため強く握ったら刺されました。
8位	クモバチ	3回	軽くつかんだだけで刺します。とても細い針に刺されたように感じました。数分くらい痛痒かっただけでまったく腫れませんでした。

いるのです。ですから、刺されたらすぐに針を抜く必要があります。刺した側のハチは、針がもげると内臓もちぎれて死んでしまいます。自らの命をかけて群れ（家族）を守っているのです。

また、刺すと同時にハチは興奮物質を発散するので、周辺にいたハチたちが興奮して同じ場所を刺してきます。なので私たち養蜂家は、すぐに刺された場所に燻煙器の煙をかけたり、水で洗ってその匂いを消して、さらに刺されるのを防いでいるのです。

たまに「どのハチに刺されたのが一番痛かったですか？」と聞かれることがありますが、これまで、すべての種類のハチに刺されたわけではないのと、軽くかじっくりかの刺され具合でも変わりますので、一概には言えません。これまで刺されたことのあるハチについて、刺された回数とともに記しておきます（表1）。

攻撃的なハチと、温厚なハチがいる

実は、基本的には3種のハチしか、人を襲うことはありません。それ以外のハチは触れない限り、もしくはわざわざ手でつかまない限り、ほぼ刺すことはありません。それなのに

「すべてのハチは人を襲う」という誤解がまかり通っているのは、悲しいことです。

人を襲う3種のハチとは、「スズメバチ」「アシナガバチ」そして「ミツバチ」です。ただしこれらのハチですら、ほとんどの場合、巣の近くでしか襲ってくることはありません。花畑や花壇では、盛んにミツバチが飛び回っていますが、人を襲うことはありませんよね。これはスズメバチもアシナガバチも同じです。家族を守るため、巣に近づいてきた生き物を攻撃するのです。ですから巣から離れた場所にいる働きバチは、触ったり追い払ったりさえしなければ、襲ってくることはないのです。

養蜂場ではミツバチを餌にしようと、スズメバチがたくさん飛来してきます。そのため、捕虫網でスズメバチを捕まえる作業があるのですが、振り回す捕虫網に怒って養蜂家を刺してくるのは、実はスズメバチではありません。人間に守られているはずの、ミツバチです。

ただしスズメバチの中でも、オオスズメバチだけは少し利口なようです。縄張りである餌場に近づく人間を、襲う場合があります。またオオスズメバチが集団でミツバチを襲うのを止めるため、人間が捕虫網で捕まえようとすると、稀にですがこちらに向かってくる場合があります。

樹液の滲み出ている樹（「昆虫酒場」とも呼ばれます）などにオオスズメバチを見つけたら、近づかないようにしましょう。

ハチは、その生態さえ知っていれば何も怖れる必要はありません。近頃は、詳しいハチ専門の図鑑もありますから、体つきや性質などの特徴を知ってみるのもよいと思います。ハチの生態や扱い方については、この3種を中心に、あとの章で詳しく述べていきます。

活動と攻撃の最盛期がある

繁殖活動や攻撃力について、人間を襲うことのある「アシナガバチ」「スズメバチ」「ミツバチ」について解説します。

アシナガバチは8月、スズメバチは9月が攻撃のピーク

アシナガバチやスズメバチは、越冬から目覚めた母バチ（女王バチ）が春に活動を開始し、山形では4月～5月に子育てを始めます。母バチ1匹で巣を作り産卵し、餌の虫を狩って子育てをしますが、近づいた人を襲って刺すことはまったくありません。1匹だけで育てていますから、戦うことよ

りも逃げることを選んだのでしょう。

初夏6月中頃〜7月初めにもなると、働きバチがちらほら生まれ、まもなく巣作りや狩りを始めます。すると女王バチは外に働きに行かなくなります。そして働きバチたちは家族を守るために攻撃力を持ち始めます。ただ、よっぽど近づかない限り襲ってはきません。

7月中頃にもなると、働きバチの数も増え巣も大きくなり始めますから、攻撃力が増してうかつに巣に近づくことはできません。スズメバチは種類や育ち具合にもよりますが、この季節は、5ｍは離れていた方がいいでしょう。ただしアシナガバチに関しては、7月末〜8月初めのピーク時でも50㎝以内に近づかなければ、めったに襲ってくることはありません。

スズメバチの攻撃行動は、働きバチの命が尽きる10月末まで続きますが、アシナガバチに関しては8月中頃から攻撃力は徐々に弱くなり、9月になるとどんなにハチがたくさんいても、めったに襲ってこない群れになります。母バチも働きバチも寿命となり徐々に数を減らすからです。巣にいるのは針を持たないオスバチと来年の母バチになる姫バチだけですから、どんなに大家族でも刺すハチはいなくなるのです。アシナガバチは天敵のヒメスズメバチが猛威を振るう前に、一足早く子育てを終える習性になったようです。

私は9月の巣にいるハチを、指先で撫でている動画を、YouTube上に公開していて、観た人の多くに驚かれます。

いっぽうスズメバチは、夏から秋にかけて巣はぐんぐんと大きくなり、働きバチの数も増え、攻撃力も最大となってきます。山形では9月のお彼岸頃がピーク。巣の大きさに比例して攻撃範囲も広がりますから、用心のために10ｍは近づかない方がいいでしょう。

秋になるとオスバチたちは、他の群れの姫バチたちと交尾をするために、徐々に巣を離れます。交尾を終えた姫バチたちは、アシナガバチは10月中頃には、スズメバチは11月初め頃にはみんな巣を離れ、越冬のために建物の隙間や、朽ちた樹木の皮の隙間、土の中などに潜り込んで越冬をします。そうして新しい春を待つのです。

ミツバチはオールシーズン刺す

ミツバチですが、母バチ1匹から徐々に家族を増やすアシナガバチやスズメバチとは違って、一年中群れで生活します。ですから基本的にミツバチは、家族を守るために、巣箱に近づいた人をオールシーズン刺します。

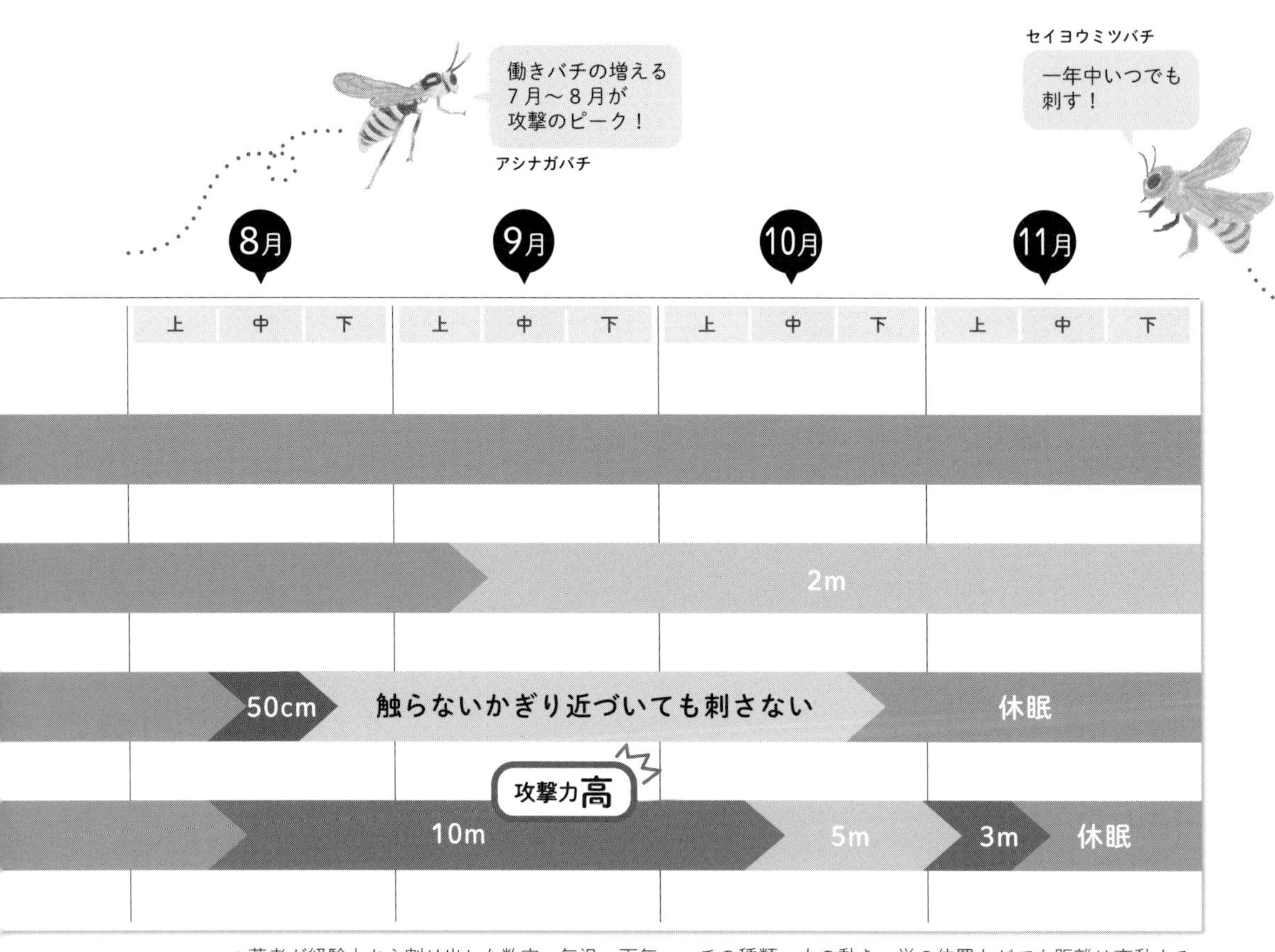

＊著者が経験上から割り出した数字。気温、天気、ハチの種類、人の動き、巣の位置などでも距離は変動する。

ただし、何か起きたら逃げ出す性格を持つ野生種のニホンミツバチは、花のなくなる秋遅くや花がまだ少ない早春以外は、近づいても滅多に刺してはきません。いっぽう養蜂家が飼育するセイヨウミツバチは、何が起こっても極力そこで暮らしたい性格なので、巣に近づくといつでも遠慮なく刺してくるのです。

ミツバチはめったに刺さないからと思い込み、養蜂場に近づく人がいますが、これまで何人も刺された人を見ています。特に採蜜の季節はミツバチの気が立っていますから、絶対に養蜂場に近づいてはいけません。

また天気のいい日はとても穏やかですが、小雨まじりのような日は攻撃的になります。よく刺される人に、採蜜を手伝うアルバイトの方もあげられます。私たち養蜂家は、その日のハチの雰囲気で機嫌の良し悪しがわかりますから、機嫌がいい日は作業が終わると、暑いのでさっさとネット帽子をはずします。それを見ていたアルバイトの方は、いつでも作業が終われば外せると思いこんでしまい、ハチの機嫌が悪い日にもさっさと外し、刺されてしまうのです。

ミツバチの繁殖方法は「巣別れ」です。おもに初夏、働きバチの数が増え新しい女王バチが生まれた

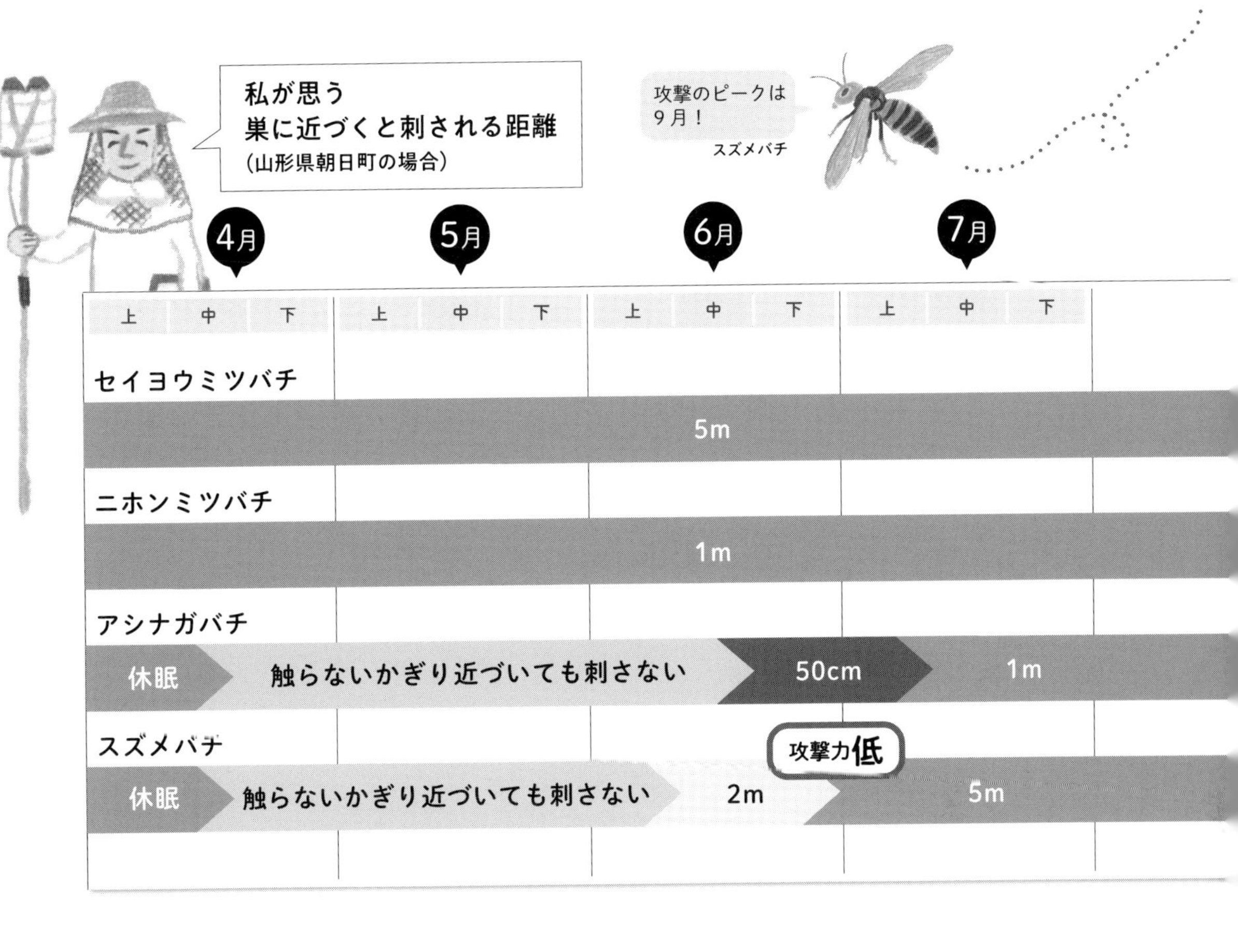

り、生まれそうになると、古い女王バチが半数ほどの働きバチを連れていっせいに新しい営巣場所を求めて巣箱から飛び出します。1万匹以上のミツバチたちが乱舞し始めますから、初めてみた人はかなり恐怖を感じるでしょう。しかし不思議なことに、ふだんは巣箱に近づくだけであんなに刺すのに、この時は周囲に人がいても刺すことはありません。まもなく、いったん人目につく近くの枝にぶら下がり、かたまりになります。私はその中に静かに手を入れてみたことがありますが、まったく刺しませんでした。ところが巣箱に群れを落として蓋をすると、まもなくミツバチたちはまた人を刺すようになり、うかつな扱いはできなくなります。

新天地へ引っ越した古い女王バチの群れは、花のある秋までの間に冬を越せるだけの家族を増やします。しかし、女王バチの寿命は3年ほどです。3年目には産卵数も減り、群れの大きさも小さくなります。するとスズメバチや寄生蛾の幼虫に簡単に襲われたり、ほかの大きな群れのミツバチたちに蜜を奪われたり、充分な蜜の蓄えがなく暖をとれずに冬を越せないなどして、群れとして最後を迎えることになります。

ハチの巣の姿、作られやすい場所と餌

ハチの種類は、巣の形状を見ることで判断できます。

アシナガバチの場合

アシナガバチは、ハスの花托のような巣を、建物であれば壁に横向きに、軒下であれば真下に向けて作ります。フタモンアシナガバチはヒメスズメバチの脅威から逃れるため、庭木の密生した枝の中に隠れるよう作りますし、エアコンの室外機の中も大好きです。エアコンメーカーには室外機にハチが入り込まないよう、もっと細かい格子カバーの開発をしてくれることを、心から望みます。

巣の材料は、朽木などの木材を剥いで噛み砕き、唾液と混ぜて紙状にしたものです。1日におよそ1つの巣穴を作り、すぐに産卵します。孵化して幼虫になると、餌のイモムシ類を狩って与えます。巣の大きさは10～15㎝大ですが、大きいものになると、私が開発した移設巣箱（3章で詳述）の、18㎝角の天井いっぱいに広がる巣を作った群れもいました。

キアシナガバチの巣

ちなみに、植物のハスは「ハチス（蜂巣）」が転じた名前とも言われます。ある猛禽類の写真家は、蜂の子が大好きなハチクマという鷹を呼び寄せるために、ハスの花托をハチの巣に見立て、空に向けて並べて置くと聞いたこともあります。

スズメバチの場合

スズメバチの巣の特徴は、どんなに小さくても外被に覆われた球体をしていることです。外被の中ではアシナガバチ同様に、ハスの花托のような巣を作ります。大きいキイロスズメバチの巣は、まん中の最大部分で30㎝ほどもある巣板を7～8段作るものもいます。

材料は、やはり樹木の皮などを剥いだ紙状のものを使います。大きさは、6月末にはまだソフトボール大ですが、7月にはバレーボール大、8月にはバスケットボール、そして9月ともなれば大きなビーチボール大になるものもあります。

コガタスズメバチは、母バチが1匹で子育てしているうちは独特な形の巣になっていて、真下に向けて細長いパイプ状の入り口を作り、敵の侵入を防いでいます。その形は「トックリをひっくり返したような」と表現されることが多いです。ですから、これがトックリバチの巣だと思っている人もいますが、私は一輪挿しの花瓶みたいだと思います。働きバチが生まれると、その長いパイプを壊して塞ぎ、側面に新しい入り口を作り直します。

またチャイロスズメバチやモンスズメバチなどは、外被の下部分を覆わない場合が多く、下から見ると露出した大きな巣板が見えることがあります。

営巣場所は種類により違いますが、住宅に作られる場合で多い場所は、軒下、天井裏、壁の中、縁の下など。そのほとんどがキイロスズメバチかコガタスズメバチの巣です。コガタスズメバチは庭木や生垣の密生した枝の中が大好きで、オオスズメバチやクロスズメバチは土の中に作ります。

スズメバチの幼虫の餌は、種類によって違いますがさまざまな昆虫類です。オオスズメバチは、コガネムシやカミキリムシ、カマキリなどの大型甲虫のほかに、大きな毛虫やクモを狩ります。キイロスズメバチは、ハエ、アブ、セミ、トンボなどの有翅昆虫を、なんと50種以上も狩るそうです。

コガタスズメバチの巣（母バチ1匹のとき）

ミツバチの場合

養蜂家の飼っているミツバチは、セイヨウミツバチでもニホンミツバチでも、四角い木製の巣箱に入っていますから、なかなか野生の状態の巣を見ることはできません。ただまれに、巣別れ群が軒下などに巣を作ることがあります。

私の場合は、これまで駆除依頼があって捕獲したミツバチはほとんどが壁の中でしたが、神社の祭壇の下や、お墓の納骨堂の中もありました。スズメバチの巣は横に数段重なりますが、ミツバチは巣板を縦に何枚もぶら下げます。また巣板は裏表両面に巣穴があります。養蜂で飼っている巣箱の中は、その巣板を木の巣枠の中に作らせることで、1枚ごとに巣箱から引き抜けるようになっています。おかげで巣を壊さず、採蜜することができるのです。

それ以外のハチの場合

パイプの中に巣を作ることを好む種類のハチも、たくさんいます。

ハチはパイプの中に餌を詰め込んで泥や餌の花粉で間仕切りをし、その中に産卵してはまた餌を運び、産卵することを

軒下に作られたミツバチの巣

捕獲作業をしてミツバチを除去したあとの巣

繰り返します。茅葺き屋根の家が多かった時代とは違って、現代は巣にできる場所を探すのは大変なようです。我が家では、葦製のすだれや釣竿に作られたこともありました。私の工房には葦や細竹、イタドリなどで作ったハチパイプをしかけていますが、毎年10種類以上のハチが訪れます。

花粉を幼虫の餌にする「ハナバチ」の仲間には、マメコバチ、ツツハナバチ、オオハキリバチなどがいて、アオムシを餌にする「ドロバチ」の仲間には、オオフタオビドロバチ、エントツドロバチ、フタスジスズバチ、サイジョウハムシドロバチなどがいます。キリギリスを餌にするアルマンアナバチは、苔をパイプの最後に詰め込んで蓋をします。せっせと餌を運ぶハチを見ていると愛情がわきますが、産卵後まもなく、シリアゲコバチやシロフオナガヒメバチなどの寄生蜂がやってきて、泥で固めた入り口から長い産卵管を挿す姿を見ると、ハチの世界の大変さを垣間見ることができます。

徳利のような巣を作るトックリバチは、ドロバチの仲間。直径2cmほどの小さな泥製の巣を作り、狩ってきたイモムシを数匹入れて産卵し塞ぎます。こちらは餌を入れた穴の部分が反り返っていて、本当にトックリの形をしています。餌のアオムシを入れやすくしたり、寄生虫やアリが入りづらい形といわれています。

ドロバチの仲間には他に、スズバチ、オオルリジガバチ、モンキジガバチなどもいます。

スズバチも初めは徳利状の巣を作りますが、産卵して蓋をするとその首の部分を外します。そしていくつもツボを重ねたような姿の巣を作り、民家の壁などに作られた巣はまるで、誰かが泥団子をベタッと貼り付けたようにも見えます。

オオルリジガバチやモンキジガバチは、細長いパイプ状の巣をいくつも重ねて作ります。私の工房の窓はアルミサッシではないので隙間から侵入されることがあり、額やポスターの裏、本棚の奥などによく巣を作られます。ある時はミツバチ観察用の麦わら帽子に40個のパイプが重なっているのを見たことがあります。これらのハチはクモを捕まえて巣の中に

パイプ状の巣をいくつも重ねた、モンキジガバチの巣

閉じ込め、産卵します。
ハチは巣も生態も実に多彩で楽しいです。

刺されやすい動き、服装がある

「はじめに」で、子供の頃、巣箱の近くを走り回って刺されたことをすでに述べましたが、巣を守っているハチたちは「早い動き」が大嫌いです。

私が実家の養蜂場を手伝っている採蜜の時期に、こんな経験をしたことがあります。毎年、弟と私を含めたアルバイトと4人で作業をしているのですが、数年前にアルバイトのうちの一人が、なぜか毎日のようにミツバチに刺されることが続きました。40年近く採蜜作業をしていますが、こんな方は初めてです。彼の仕事は、園主である弟が巣箱から取り出した蜜の入った巣板を、私のいるトラックの荷台に運ぶ運搬係です。刺された原因は、実は彼の歩き方にありました。歩幅を狭くしてせかせか歩く、早歩きが癖になっていたのです。これは、養蜂場の近くで草刈りをしている人が刺されやすいのと同じ理由です。

養蜂家は、素手で巣箱から巣を取り出す時は、ゆっくり巣板に手を近づけ、静かに巣板を引き抜きます。このスピード感は、意識しなくともその日のハチの機嫌に合わせて調整しています。勢いよく手を近づけようものなら、指先を必ず刺されてしまうからです。

刺されないためには「巣に近づきすぎない」「早い動きをしない」「巣に振動を与えない」が最低限の条件です。ただし「巣に近づきすぎない」という距離感は、ハチの種類やその日のハチの機嫌で変わりますから、一概に何mとは言いづらいです。

たとえば、大家族になった9月のキイロスズメバチの場合、巣の10m以内には近づかない方がよいでしょう。しかもそれだけ離れていても、走り回ったり、近くで草刈りをすると、襲われる場合があります。でもゆっくり歩けば巣の5m内にいても襲ってはこないでしょう。

また近頃は知られるようになりましたが、巣の近くでは「黒い服は刺されやすい」のも本当です。髪の毛も同じです。特にハチは毛羽立ったものが嫌いで、そこにぶつかると刺してきます。なので髪の毛、軍手、セーターなどは要注意です。

さらにハチは、揮発系の匂いも嫌います。私がミツバチの作業中に油性ペンでメモを書いていると、たびたび怒って刺しにやって来ます。攻撃フェロモンと似た香りがするからと言われています。塗装屋さんが刺されやすいのも、シンナーの匂いに反応するからだと思います。

香水などの強い香り、制汗スプレーも同じです。ちなみに、先ほどとは別の採蜜のアルバイトの方ですが、やはり3日続けて刺されてしまったことがありました。その方は、私のきらいな柔軟剤の強い香りがする作業服を着ていましたから、ちょうどいい機会だったので柔軟剤を使わないで洗濯することを提案してみました。するとみごとに刺されなくなり、私もおかげで不快な香りに悩まされなくなったのでした。

以上をまとめると、帽子を被らず、柔軟剤など強い香りがついた黒っぽい服を着て、巣の周辺を走り回る行為は、大変危険だと言えます。

ただ、スズメバチの場合、近づいたからといってすぐに刺してくるわけではありません。駆除を依頼されて、巣の様子を下見に行くとたびたびあることですが、1匹のハチが羽音を高くして体の周りを飛び回り「近づくな」と訴えて威嚇してきます。オオスズメバチはカチカチと牙を鳴らすので、私は「ごめん、ごめん」と言って静かにゆっくり離れます。その時、手で追い払ったりすれば必ず刺されます。それがその日の、そのハチにとっての危険な距離なのです。

どうしても巣に近づかなければならない時は、防虫網付きの帽子をかぶり、白っぽい服を着てゆっくり、静かに歩く必要があります。ハチは動かないもの、ゆっくりした動きが見えづらいからです。あるいは、夜に赤いセロハンを貼った懐中電灯をつけて行くといいでしょう。ハチは暗いところでは極力飛びたくないようです。また紫外線の少ない赤い光は見えませんから、光に向かってこられることもありません。

セイヨウミツバチも、天気の悪い日や採蜜シーズンは気が立っていますから、やはり巣箱の10m以内には近づかない方がいいです。天気も良く穏やかな日は、1mの近さにいても刺してはきません。温厚で普段どんなに近づいても刺してこないニホンミツバチも、花の少ない早春や晩秋は刺しやすいので、3mは近づかない方がいいでしょう。ミツバチも威嚇バチが飛んで、甲高い羽音を立てて体にぶつかってきます。そういう時、養蜂家は、ハチが嫌う髪の毛を手で覆うようにして、車の中にいったん避難します。しかし、たいていの一般の人は手で払って追い払おうとしてしまいます。

棒の先に黒い布を取り付けてアシナガバチの巣の前で振る実験をしたところ、30cm前まできてやっと襲ってきました。実際は多くの人が思うよりも温厚なハチなのです。近づくと巣の中で羽や手を震わせて威嚇はしますが、ギリギリまで戦いたくなさそうな雰囲気を感じます。視力も他のハチに比べて劣っているようです。ただ、近づいた人を刺した群れはしばらく気が立っていますから、1～2m以内には近づかない方がいいでしょう。

アシナガバチが近づいた人を襲うのは山形では6月末～8月のみです。それ以外の季節は、針を持たないオスバチと、戦う気のない来年の母バチ（姫バチ）なので、どんなにハチの数が多くても安全です。

刺された時の対処法を知っておく

「もしハチに刺されたらどうするか」の対処法をあらかじめ知っていれば、不安になったり、慌てたりすることが少なくなります。

刺されたらまず、身近な人にハチに刺されたことを必ず知らせましょう。万が一「アナフィラキシーショック（ハチ毒などの原因物質が体内に入り、全身にアレルギー症状が起きること。重篤な場合は死に至ることもある）」による症状が起きると、刺されてまもなく意識を失う場合があります。ハチの刺傷と気づかれないままだと、脳卒中や心臓疾患など、別の病気と間違えられてしまうからです。

刺された場所に針が残っていたら、すぐにさっと手を横に払うようにして抜き取ります。つまんで引き抜くと、針の毒袋から余計にハチ毒が注入されるそうです。ただし皮膚に針を残すハチはミツバチだけで、その毒はスズメバチと違って重症にはなりにくいとされています。

ただ、ミツバチに刺されてから、すぐに毒針が抜けた時と抜けなかった時では、明らかに体が受けるダメージが違います。毒が体内に入る量が多ければ多いほど、ダメージも大きくなりますので、すぐに針を抜き毒を吸い出すことは大切です。かつては「ハチに刺されたら口で毒を吸い出せ」と言われていましたが、近頃は口の中に傷があるとそこから毒を摂りこむということで、ポイズンリムーバーをすすめられることが多いです。

現在は「ポイズンリムーバー」という毒吸引器が、インターネットなどで簡単に手に入るようになりました。これは注射器のような形をしていて、吸入口を刺傷部に当て、レバーを押し引きして毒を吸い出すしくみです。心配な場合は毒を吸い出したらすぐに刺された場所を冷やし、刺された場所の心臓に近い側を血が止まらない程度に縛ると、全身に毒が回る時間を延ばせるそうです。1時間ほど安静にして、アナフィラキシーによるアレルギー症状が出なければ、ひとまず安心です。あとは経過を観察してください。

もしアナフィラキシーによる反応が起きると、体内でヒスタミンが放出されて粘膜が腫れてきます。鼻づまりや息苦しさ、蕁麻疹が出たら迷わず、周りの人に病院へ連れて行ってもらいましょう。一人の時は無理せず救急車を呼びます。刺されると比較的短時間で症状がでるので、病院に行く途中でなにかあってはいけないからです。

ポイズンリムーバーはそれほど高価なものではないので、いくつか購入して、家の中や外、車などに置いておくとよいです。事前に必ず、使い方を家族で練習しておきましょう。ハチだけでなくヘビやアブに刺された時にも使えます。

ハチ毒への免疫のこと

ハチに刺されるとたいていの方は、その衝撃的な痛さと、「死ぬかもしれない」という不安とで、パニックになってしまうことでしょう。「ハチに刺されると、かなりの人がアナフィラキシーを起こす＝死んでしまう」という、過大解釈された情報を信じている人が多いように感じています。

ハチに刺されたことが原因で亡くなる方は、厚生労働省の人口動態調査によると、毎年20～30人程度とされています。アシナガバチも稀にありますが、ほとんどがスズメバチに刺されたことによります。

そして刺された人の約10～20％が、私も経験した全身の蕁麻疹などの皮膚症状をはじめ、嘔吐、浮腫（むくみ）、呼吸困難などが起き、アナフィラキシーショックを引き起こすといわれています。そのうちの数％はさらに重篤な症状である意識障害や急な血圧低下を起こし、命に危険がおよぶ確率が高くなるとされます。

ちなみにガンの年間死亡者数は37万人以上（２０２０年「人口動態統計」より）、近年激減したとされる交通事故でさえ、１年間でまだ３０００人近くの方が亡くなっています（２０２０年「警視庁統計」より）。安易に死亡者数だけで比較できることではありませんが、実際に起きる件数からすると、ハチは必要以上に恐れられている気がしています。

私はどんなハチに刺されても、めったに腫れたり痒くなったりはしません。信じてもらえないかもしれませんが、蚊に刺されるくらいなら、ミツバチに刺される方が楽なのです。プロの養蜂家であれば、みんなそうだと思います。

これまで私は、ミツバチには間違いなく１０００匹以上は刺されています。養蜂業とは、ハチの巣箱を開ける作業をすれば、おそらく平均で１日１回は刺される仕事です。私が若い頃は「ハチが荒くなる」と言われて、採蜜の時以外でゴム手袋をはめることはありませんでした。ミツバチに刺されたことへの免疫反応は、たしか仕事を始めてから1～2カ月でおさまったと思います。それまでは毎回、刺されるたびにパンパンに腫れていました。

スズメバチにはこれまで十数回くらいは刺されていますが、平均すると年に1度もないので、免疫反応がでにくくなるのに17年かかりました。刺されても腫れなくなった時は大喜びしました。

アシナガバチは、子供の頃に数回、若い頃に2回しか刺されたことがありません。そして畑に移住させる「アシナガバチ畑移住プロジェクト」の活動を始めて久しぶりに刺された時は、少し赤く腫れたものの30分後には赤みも腫れも治っていました。これはアシナガバチのハチ毒が一部、スズメバチのそれと共通する物質があったからのようです。

体調の悪い時はミツバチに刺されても少し腫れることもありますから、いつ刺されても大丈夫とは一概には言えません。とはいえ、とてもいい体を手に入れたと思っています。

行き過ぎたハチ駆除がまかり通る現代

テレビやネット動画では、必要以上にハチを恐ろしい悪者に仕立て上げ、大げさな駆除や、まるで武勇伝を誇るかのような撃退の様子が撮影されています。中には、エアガンや連発花火、自作の火炎放射器、高圧洗浄機などを使って、小さな巣のスズメバチやアシナガバチを面白おかしく、かつ凄惨に駆除しているものまであり、逃げ惑い傷つくハチたちを見ていると、心が痛くなってしまいます。それに対抗して、私は負けじと、アシナガバチをレスキューし畑へ移住させる動画を公開していますが（YouTubeの「ryusbeeチャンネル」）、地味な内容であることもあり、再生数は彼らのものにはるかに及びません。

ハチが悪者にされている理由は、先述のように「ハチに刺されると必ずアナフィラキシーショックを起こし、死んでしまうかもしれない」という間違った思い込みがベースにあると思います。

ゆえにハチが身の回りにいることを〝絶対悪〟と捉え、安易に殺虫剤をかけ、または駆除業者に依頼する方法が主流に

表2　ハチの生態に沿ったやり方で駆除・移住させる

ハチの種類	やり方	作業の注意点など
アシナガバチ	移住	・巣を無農薬の畑に移住させ、イモムシの駆除をする益虫として役立ってもらう ・5月～6月、母バチ1匹で子育てする時期の場合、移住作業は夕方。特に営巣したばかりの母バチが巣を放棄しないように、一晩落ち着かせるのは大切。 ・7月～8月、働きバチが生まれた群れの場合、作業は薄暗くなってから。明るいうちは外に働きに出ている働きバチが多数いるので、全員戻るまで待つ。 ・9月～は巣に執着しないので移住できない。まもなくまったく刺さなくなるので、できれば何もせず、そのままにしておいても刺されることはない ・10月～は自作の越冬用の「ハチパイプ」を設置し、中で来年の母バチを冬眠させる。翌春に農園に移住させる。
	駆除	・ハチが全員戻った夜間に殺虫剤をかけて駆除する。昼間に作業をすると、働きに出ていたハチたちが残ってしまい、また巣を再建する場合があるため
スズメバチ	駆除	・作業は夜に行う。昼間の駆除は、ハチたちを怒らせて駆除することになるので、針を通さない完全な防護服がないと刺されてしまう。周囲の人が襲われる危険性もある ・昼間は働きバチが相当数外に出ており、駆除しきれないハチが戻ってきて、巣を再建するおそれもある
ミツバチ	捕獲	・明るい日中のうちに作業する。外に出ていたハチも、女王バチの匂いを嗅ぎつけて巣に戻ってくるので、夜間にハチが巣に戻ってから巣箱を回収する

なってしまいました。そこにつけこみ、悪徳駆除業者によるアフターフォローのない無責任な駆除や、不当請求などの被害も発生しています。私自身、業者の不完全な駆除のせいで、取り切れずに残ってしまったハチ（戻りバチ）を処理した経験は何度もありますし、「えーっ」と声が上がるくらい多額な費用をかけて駆除をされた方にも会うことがあります。

このあとの章では、ハチの生態にあったやり方で駆除・捕獲する方法（4章のスズメバチ、5章のミツバチ）や、イモムシなどの狩りをしてくれるアシナガバチに無農薬畑で活躍してもらう方法（3章のアシナガバチ）を紹介していきます。時と場合に応じてですが、「ハチたちと人間とは必ず共生できる」ことを知っていただけたら、何よりうれしいです。表2でも簡単にまとめています。

人の暮らしで役立つハチたち

ミツバチだけじゃない！農業の助っ人であるハチたち

イチゴや果樹などの農作物の実りを得るには、花を訪れるミツバチたちが授粉活動を担っているからだということを、ご存知の方も多いことでしょう。実際は、ミツバチだけでなく、もっといろいろな種類のハチたちが、私たちの生活に大いに役立ってくれています。

農作物の花を訪れて授粉を手伝うハチの仲間には、「ハナバチ類」がいます。また、農作物やガーデニング植物を食い荒らすイモムシ類を狩ってくれる、アシナガバチやドロバチの仲間のスズバチなどの「狩りバチ」もいます（我が家をよく訪れるアルマンアナバチは、バッタを狩ってきます）。

ほかにも、クモを狩るジガバチやベッコウバチ、アブラムシを狩るアリマキバチ、アブラムシに寄生するアブラバチなどもいます。スズメバチは畑の害虫の甲虫類も狩ってくれるだけではありません。オオスズメバチが飛べば、ほかの害虫が寄り付かないという効果もあるそうです。このオオスズメバチは、キイロスズメバチ（ハチに刺される被害例としてよく挙げられる）の群れを襲い、その繁殖を抑える働きも持っているのです。

かわいそうな利用例「使い捨てミツバチ」

農作物の花粉交配に活躍しているミツバチやハナバチたちですが、「それではハチがかわいそうだな」と思うことがあります。

たとえばイチゴです。イチゴはビニールハウスの中で栽培されることがほとんどですが、その栽培にミツバチによる花粉交配は欠かせません。

ミツバチの働きバチの行動半径は2〜3kmもあり、ハウス内だけでなくもっと多くの蜜や花粉を得るために、ハウスから出ようとするハチもたくさんいます。ところが、ハウスは透明なビニールに遮られているため、あきらめないで外に出ようとし続けたハチたちは、体力が尽きて死んでしまうのです。また、暑い日はハウスを開け放ちますが、室温が下がる夕方には閉じてしまいます。すると今度は、ハウスの外から帰ってきたハチたちが入れなくなってしまうのです。

養蜂家だった父は、交配用に飼っていたミツバチを農家に貸し出したことがあったらしく、返ってきた時にはとても小さな群れになってしまったそうです。それ以来「もう絶対に貸さないことにした」と言っていました。このような話を聞いているうちに、ミツバチたちの犠牲があって実るイチゴを私は好んで食べることはなくなりました。

2011年の東日本大震災の折、被災地の宮城県山元町へボランティアに行って驚いたことがあります。片づけていた瓦礫の中から、ミツバチの巣板がいくつも紛れてでてきたのです。山元町はイチゴのハウス栽培が主産業の町です。ハウスの数だけミツバチの群れも津波に飲み込まれてしまったのではないでしょうか。

ハウス栽培をするのは、イチゴだけではありません。山形が主産地のサクランボも、加温ハウス栽培が増えてきました。実りの季節を早めたサクランボには、1粒500円という高値が付けられることもあります。もちろんそのハウスでもミツバチが花粉交配用に導入され、同じ運命が待っているのです。

こうしたビニールハウス栽培を支えているのが、通称「使い捨てミツバチ」です。通常なら一つの群れで3万匹にもなるセイヨウミツバチの家族を、3000匹や5000匹といった小さな群れに分け、段ボールやベニヤ板製の粗末な箱に入れ、女王バチなしの状態で農家にクール便で通信販売されます。悲しいことに花粉交配の時期が終わったら、巣の入り口の巣門(すもん)を閉めて、廃棄処分することが前提です(業者によっては回収してくれるところもあります)。「巣門を閉める」ということは、その群れを「殺す」ということです。

さらにこの「使い捨てミツバチ」は、大きな問題も抱えています。働きバチの数が少ないために巣の清掃などが行き届かず、衛生状態を保てなくなってしまうのです。するとその群れは病気が発生しやすくなり、周辺の健康なミツバチの群れにも感染させてしまいます。自然界では、小さな群れのミツバチは、大きな群れにハチミツを奪われて淘汰される摂理があります(盗蜜(とうみつ)と言います)。盗まれたハチミツとともに病原菌も運ばれてしまうというわけです。

廃棄処分することを前提に流通しているのはこうした理由からなのですが、心やさしい農家さんは殺すことができないのと、「来シーズンもこのハチたちを使えるのでは」という期待もあり、そのまま群れを放置してしまう方が多いようなのです。

人間はミツバチを育て、ミツバチはハチミツや蜜ろうなどを人間に分ける……そういった「ギブ・アンド・テイクの養蜂」に憧れる私には、心痛む現実です。せめてそんなハチたちの命と引きかえに、私たちの食べる多くの果物や野菜が実っていることを知っておいていただけたら幸いです。

かわいそうな利用例「マルハナバチによる生態系撹乱」

ハチが特定外来生物として環境に影響を与えている例もあります。1992年より、トマトの花粉交配にセイヨウオオマルハナバチが有効だとして海外から輸入されて導入されましたが、その結果、全国で野生化した巣が発見されるようになったのです。それにより、在来マルハナバチの餌資源が奪われ、巣を乗っ取られるなどの競争が起こりました。さらには、セイヨウオオマルハナバチと在来マルハナバチの交雑により、生涯にたった一度しかない母バチの交尾で受精卵をつくることができず、産卵の機会が奪われてしまう事態も起きています。こうして在来種の生殖撹乱が起こり、その生息数が減っているのです。

セイヨウオオマルハナバチは、2006年に特定外来生物に指定され、各地で駆除活動が展開されていますが、なかなかその生息数を減らすには至っていないそうです。それどころかいまだに「ハウスから逃げ出さないこと」を前提条件にして、花粉交配用として導入が許されています。代替種として在来種のクロマルハナバチが導入され、その数も増えてはいますが、2015年時点ではセイヨウオオマルハナバチの3割程度の使用となっています。

人間の食べるトマトのために、在来のマルハナバチたちが生息数を減らされている現実。対するセイヨウオオマルハナバチにとっても、勝手に日本に連れてこられて駆除されてしまうというかわいそうな現実があります。

これと似た過去の例として、明治時代にセイヨウミツバチが導入され、現在のような養蜂業が成立したのですが、その影響で在来種であるニホンミツバチの生息域や、花粉交配のできない在来植物を減らしたという考え方もあります。そのためにニホンミツバチを増やすべく、巣箱を野山に設置する活動を展開している団体もあります。どのハチも大好きな私にとっては、正直どれもこれも頭も胸も痛む問題です。

農薬で世界にハチがいなくなる⁉

現在、農業害虫の防除でよく使われているネオニコチノイド系農薬は、植物への浸透性・残効性が強く、農作物の花の蜜や花粉にも農薬が含まれてしまいます。実際、市販のハチミツから、国が決めた農薬残留基準値を上回る値が検出され、回収する騒ぎも起きています。千葉工業大学の調べでは、全国のほとんどのハチミツに農薬が残留していることも発表されています。ネオニコチノイド系農薬は、農作物の中まで染み込みます。りんごの農薬残留値検査では、表皮よりも果肉の方が3倍以上も残留していたという結果もあるほどです。

たとえば、農薬を散布した水田のことを考えてみます。水田の畔の湿った土は、ハチたちの水飲み場でもあります。すると、農薬や除草剤の入った水を飲むことになるのです。また、お盆頃に稲は花を咲かせます。稲は蜜を出しませんが花粉を付けます。この花粉はミツバチをはじめ、花を訪れるハチたちの幼虫の餌になるのです。そして花粉に農薬が含まれることで、次世代のハチたちにも影響が及び、死んでしまったり、死なないまでも元気のないハチに育ったりしてしまいます。

私は地元である山形県養蜂協会西村山支部の事務局を長年務めましたが、ミツバチを飼育する人はこの十数年で激減しました。「ハチ飼いがハチを買うようになったら終わりだ」という、笑えない話も聞こえてきます。

ハチだけでなくスズメが激減したのも、実はこの農薬が影響していると私は思っています。山形県民のソウルフード、イナゴも見られなくなってきました。なにしろスズメの大好物である米汁の入った稲穂には、国が許している範囲ですが1～2ppmの農薬が残留しているのです。日本の田畑は、小さな生き物を根こそぎ死なせてしまう現場となっているのではないかと思います。

ミツバチをはじめとするハチたちがいなくなれば、花粉交配ができなくなり、さまざまな農産物が実りを迎えられなくなってしまいます。私は「ハチがいなくなれば、人間も暮らしていけなくなる」ことをとても危惧しています。

3章 アシナガバチ

アシナガバチの生態

私がアシナガバチを愛する理由

これほどにのめり込むことになるとは……と、ほかならぬ私自身が一番驚いているのが「アシナガバチ」です。実はとても温厚で攻撃力も弱いハチなのに、人間に恐れられ、見つかると殺虫剤をかけられてしまうのです。知れば知るほど、かわいそうなハチであることがわかってきました。

私が子供の頃は、家にアシナガバチの巣が一つや二つ、当たり前に作られていたように思います。小さ目の巣を見つけると竹竿を使って落とし、逃げるのが遊びの一つでした。落とした巣の幼虫を餌に魚釣りもしました。ですが今は、見つかり次第駆除されてしまうことや、ネオニコチノイド系やグリホサート系の強い農薬が使われるようになったこともあるのでしょう。なかなか見つけられないくらい、その生息数は減ってしまったように思います。

そこで私は、このアシナガバチを駆除して殺すのではなく、ハチの巣ごとレスキューして農薬を使わない畑に移住させる活動をしています。移住先は、協力していただいている農園や私の家庭菜園です。2018年にスタートして今年で5年目になり、これまで駆除依頼のあった178群を巣ごと生け捕りし、畑に移住させることができました（2022年8月現在）。

畑に移住させる理由は、アシナガバチの幼虫の餌がイモムシ類だからです。キャベツ畑のアオムシを、アシナガバチが狩る姿を見たことがある方もいるのではないでしょうか。ふだんは嫌われてしまうアシナガバチですが、無農薬の畑に移住することで害虫を駆除する「益虫」として活躍してもらうのです。

むやみにハチを殺したくないという気持ちと、畑で活躍してもらいたいことから始まったこの試みは、今ではハチが一番活躍する（刺されやすい）季節でも、どんなに大家族になった群れでも、駆除作業が困難な閉所に作られた群れでも、殺さずに移住させられるようになりました。

　そのノウハウはブログやＹｏｕＴｕｂｅなどで紹介してきましたから、少しずつ実践してくださる方も増えています。驚くことに女性の方が多いのです。これまで10人以上の女性が、自宅に営巣した群れを殺したくないからと、私の動画を参考に移住を成功させています。少しずつですが、農家さんの畑に移住させた実践例も増えています。ここまで夢中になるとは……どうやら私はアシナガバチを愛してしまったようです。

　この章ではまずアシナガバチの生態を知ってもらい、できるだけ共生をはかる方法を中心に紹介いたします。

工房の窓に取り付けた、アシナガバチの観察巣箱（上）、巣箱の説明も添えておく（下）

アシナガバチの一年

4月末〜6月　母バチ1匹での子育て

毎年、私の工房の窓にはいろいろな種類のアシナガバチを移住させて観察していますが、その習性は実に驚きの連続です。特に子供のために健気に働く「母バチ（女王バチ）」の姿には、母の愛を感じます。私は女王バチという表現は適切ではないと思っていて、あえて「母バチ」と呼んでいます。あるアシナガバチの絵本でそう呼ばれていたのが、とてもしっくりきたからです。

　春。冬眠から目覚めた母バチは、たった1匹で巣作りと子育てを始めます。春の遅い山形の中でも、さらに山手にある私の工房周辺では、4月末頃になります。

　ある時、工房の壁を上下左右まんべんなく飛び回り、巣を作る場所を入念に選んでいるキアシナガバチを見つけました。翌日、壁の一番低い位置で巣作りを始めました。その手順はまず、巣材を運んできて「巣柄（そうえい）（巣を支える根元の軸）」を作ります。巣材には、なんと工房の板壁をカリカリと剥が

巣作りをするキアシナガバチの母バチ

していました。やがて実に弱々しいものでしたが、巣穴が1つだけの巣が完成しました。巣穴を1つ作り終えると、さっそく産卵します。その後も、巣穴をおよそ1日1つ位のペースで作っていきます（ですから20個の巣穴があれば、およそ20日前から巣作りが始まったことがわかります）。

卵が孵化して幼虫になるのに2週間以上はかかったと思います。ミツバチならたった2日で孵化するので、アシナガバチの成長は実にゆっくりです。孵化した幼虫には、母バチが餌になるイモムシを運んできます。ただし初めはイモムシを肉団子にしてチューチュー吸い、肉汁だけを与えていました。吸い尽くした肉の殻をポイと捨てたのを見た時は、何をしたのか理解できず驚きました。幼虫がもう少し大きくなると、イモムシの肉団子を小さく引きちぎって与えます。狩ってきた肉団子はそのままでは食べにくいようです。時間をかけて何度も噛んでミンチ状にして与えていました。

6月末～7月　働きバチの羽化、群れの拡大

6月末になるとついに、その年初めての働きバチが生まれます。生まれた時は私も大喜びします。なにしろ2カ月間、母バチ1匹で巣を作り、イモムシを狩り、餌を与える子育てをしてきたのです。母バチはこの間に、鳥やスズメバチやトンボに食べられたり雨風にあたったりして、命を落としてしまうのがほとんどです。中には、ガの幼虫に蛹が寄生されて、いくら卵を産んでも孵化しない、かわいそうな巣も幾つも見てきました。あるいは巣は大きく作れているのに、卵を1個も産めない母バチを見たこともありました。産卵機能に障害が起こったのかもしれません。

1つの巣から何十匹も母バチは生まれますが、翌年家族を作れるのは1つの巣で平均1匹か、多くても2匹なのだそう

です。家族を持てることの方が奇跡的なのです。ところがせっかく家族ができても、働きバチが飛び始めると人間に見つかりやすくなり、あげくは殺虫剤をかけられてしまうのです。なんとも不憫に思えてしまいます。

働きバチが毎日羽化し、イモムシ狩りや巣材集めに出かけられるまで育つと、母バチはついに外へは出ず、産卵や子育てに専念できます。こうなると母バチが命を落とすリスクはだいぶ少なくなりますので、私もほっとします。そして働きバチたちがどんどんイモムシ団子を運び入れ、巣を広げます。7月の最盛期に大きな群れを観察していると3分ごとに新しい肉団子が運び込まれる位の勢いです。工房の窓ガラスにはいろいろな種類のアシナガバチを移住させ、成長の様子を窓ガラス一枚隔てて観察できるようにしています。夏休みにキャンドル作り体験に訪れた子供たちは、体験そっちのけで、アシナガバチの様子を食い入るように見つめていました。

この季節、注意深く観察をしていると、不思議なことに気付きます。母バチ1匹で育てていた時の幼虫は2カ月もかかって羽化しましたが、働きバチに育てられた幼虫は1カ月もかからず羽化するようなのです。その謎は、後に山根爽一さんの『日本の昆虫③フタモンアシナガバチ』（文一総合出版）を読んで解けました。働きバチたちの働きで餌がたくさん食べられること、気温が上がると成長が早くなることが理由なのだそうです。このことがわかってから、早く大きな群れになってもらいたいので、畑に移住させた巣箱には、風除けとしてクリアファイルを切って巣箱の前面と背面の2／3ほどを塞ぎ、梅雨明けまで取り付けるようにしています。

餌の肉団子をくわえるキアシナガバチ

8月　天敵ヒメスズメバチの襲来

順調に家族を増やしていくアシナガバチですが、残念ながら安住はできません。8月になると天敵のヒメスズメバチの襲撃が激化するのです。ヒメスズメバチは、アシナガバチを専門に襲うハチです。彼らは巣からアシナガバチの幼虫や蛹を引きずり出し、その体液を吸って自分たちの巣の幼虫に餌として与えます。

5年前に、移住に協力いただいている「はしもと農園（橋本光弘代表、西村山郡大江町）」に、初めて巣箱を20箱ほど設置したところ、お盆の1週間ほどの間にほとんどの群れが襲われてしまい、ガックリと肩を落としたことがありました。さらにもう一つ、ガッカリしたことが起きました。お盆を過ぎると、働きバチが巣に運び入れるイモムシ団子の数が極端に減り始めるのです。それは子育てが終わりかけたことを意味します。

てっきりスズメバチの活動時期と同じく、秋遅くまで狩りをするものだと思い込んでいました。後に調べてみると、アシナガバチの活動時期の終わりはスズメバチよりもずっと早く、母バチはお盆のあたりで寿命が尽き、そこから働きバチもしだいに減って、オスバチと来年の新しい母バチたちだけの家族になるのだそうです。

なぜそんなに早く子育てを終えるのかというと、天敵のヒメスズメバチが猛威をふるう9月を迎える前に、来年の新しい母バチを1匹でも多く羽化させるためだろうとのこと。

他に謎だったのは巣箱の下には噛み殺されたアシナガバチ

キアシナガバチの巣を、ヒメスズメバチが襲う

の成虫の姿が1匹も見当たらないことでした。オオスズメバチに噛み殺されて、ミツバチが山になって死んでいるのとは（養蜂をしていると見かける光景です）、明らかに様子が違います。後でわかったことですが、ヒメスズメバチの場合、狩るのは幼虫だけで成虫は殺さず、対するアシナガバチも襲われると巣を放棄して逃げ出すのだそうです。その習性はすぐに納得できました。これまで駆除を頼まれて現場へ行くと、巣がないのに壁に数十匹のアシナガバチがじっとしているのを何度も見ていたからです。はしもと農園で襲われた成虫たちも、殺されたのではなく、どこか近くに逃げ出したのだろうと思ってほっとしました。

さらに翌年からは、ヒメスズメバチに襲われにくいように工夫した移住巣箱（後述）を作るようになってから、ほぼ被害を受けずにすむようになりました。

9月～10月中旬　越冬準備、冬眠

秋のアシナガバチを観察するのは実に退屈です。オスバチも来年の新しい母バチたちも、狩りもしなければ、巣作りもしません。ひたすら巣の上部に隠れるようにへばりついてじっとしています。時折、喉を潤しに出かける程度なのです。

ただしこの季節は来年に向けて、大切なことをします。交尾です。オスバチは他の巣のメスバチ（来年の母バチ）と交尾をするために、しだいに巣を離れて戻らなくなります。メスはオスが来るのを待っているようで、積極的なフタモンアシナガバチは、巣箱の外に出て気づかれやすくしているような気がします。

アシナガバチの交尾は、天気が良く気温が高い日に行われます。その様子をついに動画に撮ることができました。

移設巣箱の周りをたくさんのオスが飛び回り、メスが出てくるのを今か今かと待っていました。じっとしていたこれまでとは大違いで、まるでお祭り騒ぎです。よく観察していると巣箱の下に隠れていた1匹のメスがとことこ登ってきました。すると、すかさず1匹のオスが飛びかかりバタバタ羽を震わせながらマウントしました。しかし振り払われたのか一瞬、2匹とも飛び立ちましたが、また戻ってきて再マウント。はたして交尾に至れたのかはわかりませんが、貴重な交尾風景を見られたのは、とても幸いでした。

初霜が降りる10月半ば頃になると、メスバチは越冬のために巣を離れ、建物や樹木の隙間に入り込みます。ここからは実に寂しい季節です。来春、また会えることを楽しみにシーズンを終えるのです。

誤解されている攻撃力

実は私自身、アシナガバチのことをよく知らない間は、攻撃的なハチだと思い込んでいました。ですが人を襲う際の攻撃度でハチを順位付けするなら、1位スズメバチ、2位セイヨウミツバチ、3位ニホンミツバチ、4位アシナガバチだと思います。しかも人を襲う期間は正味たった2カ月だけなのです。知れば知るほど温厚なハチだとわかってきました。

まず、冬越しから目覚めて母バチ1匹で子育てをする4月末～6月末は、まったく攻撃する気持ちを持っていません。お尻をこちらに向けて威嚇はしますが、手を伸ばせば逃げていきます。

6月末になると、いよいよ働きバチが生まれます。私の住む山形県のケースなので、全国的には少し時期が違うかもしれませんが、アシナガバチが人を襲う時期は、この働きバチが子育てしている7月～8月のみ。しかも巣に50㎝以上近づいたり、振動を与えたりした時だけです。ただし、温暖な地域ではもう少しその期間は長いと思われます。

私の自宅の外に物置を兼ねた軒の広い場所があるのですが、その軒天に毎年必ずキアシナガバチが巣を作ります。そこで簡単な作業をする際は、私の頭と巣との距離は50㎝程しかありませんが、一度も刺されたことはありません。絶対とは言いませんが、間違って巣にぶつかったり、よほど近づいたりしないかぎり、襲われることはないのです。

攻撃されない安全な距離、時期はあるの？

温厚なハチといっても、多くの人がアシナガバチに刺されているのも確かです。刺された人に話を聞くと、たいていは気づかずに巣に近づき過ぎていたり、巣や周辺の枝にぶつかったりして、刺されることが多いです。また、巣に出入りするハチとぶつかり手で払って刺されたとか、洗濯物に止まっているのを気づかずに触って刺されたという人も多くいます。

私は体験教室で「ハチに刺されたことがある人はいますか？」と子供たちに聞くことがよくあります。すると今は、小学校高学年の男子でもクラスに1人か2人、あるいはまったくいないのです。私が子供の頃は、ふつうに野山で遊んでいたので、みんなよく刺されていました。当時はハチ毒にはアンモニアが有効とされていたので、おしっこをかける友達もいました（現在は医学的根拠はないとされています）。

働きバチがいったい、どれくらい近づけば刺してくるのか実験することにしました。工房に観察用に飼育している群れで季節ごとに調べています。

ハチが攻撃しやすいのは「黒い色」「激しい動き」、そして「振動」です。長い竹竿の先にハチの嫌いな黒い布をはたき状に取り付け、激しく振ってみました。予想では巣に2mも近づけば攻撃してくると思っていました。ところが最も活動的な8月初めでも、巣に50cmまで近づいても攻撃されず、30cmまで近寄ってやっと、2～3匹が襲ってきた程度でした。人と同じで群れごとに気性の違いもあるかもしれませんから、もっと実験を重ねないと確実なことは言えませんが、想像以上に温厚なハチであることがわかりました。巣に50cm以上近づかなければ、ほぼ安全と言えそうです。

お盆も過ぎるとだんだん、その攻撃力は弱くなります。産卵を終えた母バチも、攻撃的な働きバチもしだいに寿命を迎えるからです。母バチの寿命はちょうど1年。働きバチの寿命はミツバチの働きバチと同様に、1カ月程度と思われます。

9月半ばにもなると、威嚇はすれどまったく攻撃はしてこない、人にやさしい群れになるのです。威嚇はするので、一斉に羽を震わせ前側の足も左右に振ります。しかしそれすらも私には、怒って威嚇するというよりは、「きゃー、来ないで～」というジェスチャーに見えてしまいます。

この季節のアシナガバチは静かに指を伸ばせば、素手でハチを撫でることもできます。これは小さいのに攻撃的と言われるコアシナガバチでも同様でした。私のYouTubeチャンネルに動画をあげていて、よく驚かれています。

攻撃してこない理由は、この頃になると針を持たないオスバチと、刺す気のない来年の新しい母バチたちだけの群れになるからです。ところが、見た目上は9月半ばのこの季節が最も大家族になるので、その数の多さに怖がられて殺虫剤をかけられたり、駆除業者が呼ばれてしまいます。刺す気がまったくないのに、実にかわいそうな仕打ちです。

子育ての技に感動する

ある時、巣穴の内壁に数個の水滴が付いているのを見つけました。調べてみると、驚くことにそれは濃縮されたハチミツだったのです。雨が続いて狩りができない日の、非常食になるのだそうです。ハチミツと知って抑えきれない衝動がわきました。ちょうど母バチがなんらかの事故に遭い、戻らなくなった巣があったので、楊枝で水滴をからめ取って舐めてみました。一瞬で消えるようなかすかな甘みを感じて、感激しました。確かにハチミツでした。

巣穴が増えて大きくなるにつれ、母バチの仕事も大忙しです。ある時、母バチが巣柄をペロペロ舐めているのを見つけました。さらにお尻を巣の上部の屋根にスリスリ擦り付ける滑稽な動きも見つけました。

調べてみると、巣柄を舐めていたのではなく、にかわ状の唾液を塗って硬くコーティングしていたのです。たしかに巣柄は細いのにとても頑丈で硬く、重い巣をその部分だけで支えています。

どうやってあれほどまでに硬くできるのか、以前から不思議だったのです。そしてお尻を擦り付けていたのは、なんと天敵のアリを寄せ付けないよう忌避物質を塗布していたのでした。

たしかに、母バチが何らかの事情で戻れなくなった巣は、忌避剤の効果が薄れたのでしょう。3日後には小さなアリの大群が押し寄せ、巣の中の幼虫を抜き取っていく無情な光景を目撃したことがありました。巣柄が1本なことも、アリ対策でした。そこにだけ忌避剤を塗っておけば侵入されませんし、仮に強引なアリが侵入してきても、侵入口が一つなら母バチ1匹でも追い払えます。

自然のなすことにはすべてに理由があることに、感心と感動した出来事でした。

付き合い方ーできるだけ共生する

り駆除はせず、共生するための対策を紹介します。

5月初めの点検、木酢液の散布

自宅など家に巣を作られたくない場合は、まず以前に作られたことがある場所に、4月初めから中旬に2~3倍に薄めた木酢液を散布しておきましょう。同じ場所に巣作りされるのは、よくあることです。

さらに5月初めには、家とその周辺を点検しましょう。特

私が使っている木酢液。2~3倍に薄めて巣作りされるのを防ぐ

共生のための対策

我が家もそうですが、庭で家庭菜園をされている方は特に田舎では多いのではないでしょうか。そうした家庭でもしアシナガバチに巣を作られたら、むしろ喜ばしいことだと思います。私はアシナガバチの駆除依頼があるといつも「家庭菜園をしていませんか?」と尋ねます。もしそうなら、アシナガバチが畑のイモムシを駆除してくれる益虫であることを伝えて「駆除しないでおきませんか?」とすすめます。

刺されるのが怖いなど、どうしても受け入れられない場合はもちろん、巣ごと捕獲して協力してくれる農家さんの無農薬畑に移住させます。でも私は、アシナガバチの本当の姿を知ってもらうことで、家に巣を作られれば大歓迎するような価値観が広がってくれることを願っています。

とはいえむやみに刺されることは避けたいです。できる限

に軒下、壁、庭木や生垣は重点的に観察します。この時期はまだ、母バチが1匹だけで子育てをしています。巣を見つけたら母バチが出かけている間に取り除き、同じ場所にまた巣を作られないように、木酢液を薄めたものを散布しておきます。まだ巣も小さく母バチも留守がちなので、見つけるのは難しいかもしれませんが、この時期なら巣を取り除いてもまだ、母バチはおくれを取らず新天地で新たな営巣が始められます。

畑やガーデニングの益虫に

6月に入って巣を見つけてしまったらどうすればよいでしょうか。巣はだいぶ大きくなり、幼虫の数も増えています。私としては、巣を撤去して巣穴にいるたくさんの幼虫を犠牲にしてしまうのは、それまでの母バチの苦労を思うと申し訳なく思ってしまいます。巣を落としたり殺虫剤で駆除したりするのは簡単ですが、その前に共存できないか、よく検討していただきたいです。

アシナガバチは、イモムシを狩って幼虫の餌にして子育てをします。もしご自宅で家庭菜園やガーデニングをしているのなら、害虫駆除の強力な助っ人になります。巣のある場所が人間がしょっちゅう近づかない場所なら、巣をそのままにして共生をはかり、益虫として活用してみてはいかがでしょうか。

イモムシを狩るアシナガバチ。器用に筋肉質だけ切り取り、幼虫の餌にする

オオスズメバチ以外のハチ全般は基本、巣の近くでしか人間を刺しません。日中飛び回っている働きバチは、追い払うか触らない限り刺しません。アシナガバチの営巣場所をよく見てください。1m、心配なら2m以上人間が近づかない場所なら、巣はそのままでもよいでしょう。家の軒下ならそうとう低い位置でない限り、刺される危険性は低いです。巣の近くをゆっくり歩くようにすれば、刺される危険性はより低くなります。

7月〜8月の最盛期を過ぎれば安全

営巣している群れに刺される危険性があるのは、働きバチ

が生まれて子育てをしている7月~8月だけです。巣を見つけたのが8月であれば、あと少しだけ刺されないように気をつければ安全な群れになります。9月半ばにもなれば子育ては終わり、群れはオスバチと来年の母バチだけになって、刺される危険性はほぼなくなります。ただし、これは私の住む山形でのケースなので、温暖な地域ではハチが子育てをする期間がもう少し長いかもしれません。

安全な距離感をはかるための実験を一つ、提案します。長い棒の先に黒い布を下げ、巣の前で振ってみてください。「面布（帽子付きの虫よけネット）」をかぶり、ゴム手袋をして少し厚着をすれば、まず刺されることはありません。実験をして刺さないとわかれば、安心して巣をそのままにしておけるのではと思います。

家族などへ周知と掲示を

「共生する」と決めたなら、少なくとも一緒に暮らす家族にはしっかり伝えておきましょう。巣があるとわかっていれば近づかないので、むやみに刺されずに済みます。ただし家族はわかっていても、訪問された方が知らずに刺されることもあります。巣の近くに「ハチの巣注意！　近づかないで」などと目立つ掲示をして注意をうながしてあげてください。

柵やパーテーションの活用

巣が小さいうちに、杭を立てて紐を張り、人が入り込まないための柵を設けるとよいでしょう。

人の生活圏に飛んでこないように、巣から出入りする時のハチの動線を変える方法もおすすめします。特に低い場所に営巣した群れは、飛び立つ時に人にぶつかる場合があります。たとえば、巣の前に杭を打った大きな合板を立てればパーテーションになります。ハチたちに人の動きが見えないので、怒らせることはなくなりますし、ハチは上へ飛びますから不意に接触することもなくお互いに安心して暮らせます。私ならさらに一工夫して、合板ではなく透明のアクリル板をはめて、イモムシ団子を運ぶ様子などを観察するでしょう。

家にハチが入ってきた時の逃がし方

室内にハチが入り込み、出られなくなった姿を見ることがあります。私の工房の窓はアルミサッシではないので、特に夏はジガバチやクモバチに隙間を見つけて侵入され、1日数回はガラス窓から出られなくなったハチを外に逃しています。

特に10月にもなると、越冬場所を探すアシナガバチが室内に入ってきます。この季節のハチは来年の母バチなので、できれば殺虫剤などで殺さず逃がしてあげてほしいものです。翌年に大きな群れを作る奇跡の1匹になるかもしれません。

私は素手でやさしくはらって外に出せますが、ふつうの人にとってハチは脅威でしょう。安全な逃がし方を紹介します。

必要なものは、透明のプラスチックカップとハガキです。窓ガラスから出ようとしているハチに、カップを上から被せて確保します。次にハガキをガラスとカップの間に静かに差し入れ、ハガキでカップの口を完全に塞いだら、そのまま外に運んで放してあげましょう。

私の工房を訪れた人は、あちこちにこのビニールカップとハガキが置いてあるので、不思議に思っている人もいるかもしれません。慌てずスマートにハチを逃がせる方法ですので、ぜひ常備されることをおすすめします。

なお大きなスズメバチが入ってきた場合でも、刺すために入ってきたわけではないので慌てなくて大丈夫です。すぐに窓を開けて部屋の照明を消してください。ガラス窓の部分はカーテンを閉めます。すると明るい方へ飛びますので、簡単に外に出ていってくれます。

私は、めずらしいハチであれば少し観察してから逃してあげます。アシナガバチやドロバチの場合は、ハチミツを水で2倍くらいに薄めて指先につけて舐めさせることもあります。産卵や越冬に備えて栄養を摂らせてあげたいのです。うれしそうに飲んだあとは、満足そうにお尻や羽を毛繕いして大空へ飛び立って行きます。

透明のプラスチックカップとハガキを使って、
ハチを逃がす

付き合い方——安全に駆除する

駆除作業は夜、必須の道具と共に

私としてはできるだけアシナガバチとの共生をおすすめしますが、人がよく出入りする場所など、巣を作られた場所によってはそうはいかないこともあります。ここではできるだけ安全に簡単に、駆除する方法を紹介します。

アシナガバチの駆除は、スズメバチと比べて難易度は低いですが、その分、油断して刺された話をよく聞きます。どうやって駆除したかを聞くと、やはり刺される理由がありました。「昼間の駆除」と「懐中電灯」、そして「服装」です。

昼間の駆除はハチがしっかり見えて怖いので、至近距離から殺虫剤をかけるのをためらって遠くからかけてしまいがちです。すると、殺虫剤がかからなかったハチが様子に気づいて襲ってきてしまうのです。さらに懐中電灯で照らしながらの駆除は、とても危険です。ハチが明るい方を目がけて飛んでくるからです。これではわざわざ、怒ったハチを呼び寄せているようなものです。また巣がスズメバチほど大きくないこともあり、比較的軽装で行う方もいます。これらの油断が、刺されやすさにつながってしまうのです。

安全な駆除をするのに、おさえるべき点をあげていきましょう。

まず服装です。頭に被る防護ネットは、ホームセンターで売っている「虫よけネット(※)」で充分です。

(※) **虫よけネット**：養蜂家は「面布」と呼ばれる道具を使います。面布はインターネット上で探せば購入できますが、一般の方には買いづらいかもしれません。アシナガバチの駆除ならば、蚊よけの虫よけネットで充分ですが、つばの広い帽子にネットが付いているものや、ネットを取り付けるものがいいでしょう。

つばの広い帽子なら顔にネットが触れづらく安心です。そこに雨合羽と長靴、ゴム手袋と腕カバーも装着して、皮膚をださないようにします。ゴム手袋は薄手だと、針が通って刺されてしまうので厚手を選びます。「黒い服が刺されやすい」

のはたしかですが、夜に駆除作業をするので、雨合羽などの色は何色でもかまいません。私はスズメバチ駆除の時には深緑の雨合羽を愛用しています。

安全な駆除の方法とポイント

①作業の時間帯

駆除作業は夜に、働きバチがみんな巣に戻っている時間帯をねらいます。昼間に作業をすると、働きバチが夕方に戻ってきて巣のあったところにたまってしまい（戻りバチ）、また巣作りを始める場合があるからです。翌朝、再び作業が必要になってしまいます。

②道具の使い方

照明は、巣を確認できる程度にとても薄暗く点けるか、懐中電灯を使う場合は光源に赤いセロハンを被せておくと、ハチに気づかれません。ただしその場合でも直接、光を巣に当てないようにします。

殺虫剤は、スズメバチ用の強いタイプの薬剤ではなく、ハエ・蚊用の殺虫剤で充分です。私は世界最大のオオスズメバチの駆除も、ハエ・蚊用を使っています。それでも充分死んでくれます。おすすめは「フマキラーダブルジェット」や「アースジェット」など、勢いよく噴射するタイプです。万が一スプレーして向かってきたハチがいても、吹き飛ばすことができます。

③殺虫剤のかけ方

殺虫剤は、静かに巣の50㎝前まで近づいて噴射します。遠くからしてしまうと、殺虫剤がかかる前に気づいて飛び立ってしまうからです。5秒ほど噴射してハチが付いていなければ終わります。殺虫剤を噴射する時は「ごめんね、ありがとう」と声をかけるとハチたちも救われるのではないかと、私は思っています。なお、殺虫剤を吸わないよう噴射の際は息を止めましょう。

巣の下に落ちて苦しんでいるハチたちはまもなく死にますので、箒とちりとりで集めて土に埋めるか、ビニール袋に入れて燃えるゴミに出しましょう。

付き合い方──無農薬畑に巣ごと移住させる

ここまでは、アシナガバチの駆除だけでなく、できる限り共生をはかる方法を書いてきました。でも自宅で共生することは難しい、かといって無用な殺生もしたくなければ、思い切って「無農薬畑に移住」させてみませんか。特に母バチが1匹の場合は、誰でも簡単に成功させられます。少しの優しさと勇気があれば、働きバチがいる活発な群れでも、移住させられるようになります。成功した時は、なんとも言えない達成感と、共生できた喜びがあふれます。ここからはアシナガバチを無農薬畑に誰でも簡単に移住させ、益虫として役立ってもらう「アシナガバチ畑移住プロジェクト」について紹介します。

「アシナガバチ畑移住プロジェクト」の始まり

この取り組みは、今のところ私個人の活動です。でも多くの方にこの活動を知ってもらい、方法を広めるための〝作戦〟として「アシナガバチ畑移住プロジェクト」と名付け、ブログやＳＮＳなどを通じて紹介しています。

きっかけは２０１８年5月の夕方。私の住む朝日町に移住されたご夫妻から、アシナガバチの駆除を頼まれたことでした。行ってみると、キアシナガバチの巣がありました。これはアシナガバチの中では最大級の大きさで、よくスズメバチと間違えられます。温厚なハチなので巣に近づかなければ刺さないことを伝えましたが、「都会暮らしだったこともあり、ハチは慣れていないので何とか駆除してほしい」と切願されました。

しかたなく作業することにしましたが、駆除するのが忍びなく、ビニール袋で巣ごと生け捕りにしました。最初は、いつものように依頼宅から離れた山手で母バチを放し、巣はかわいそうですが捨てようと思っていました。まだ母バチ1匹で幼虫を育てている時期だったので、巣がなくなってももう一度、別の場所で人生（ハチ生？）をやり直してもらおうと思ったのです。

しかし生け捕りした巣をビニール袋越しに見ると、すでに黒い顔の幼虫が５～６匹もいました。さらには、せっかく育てた巣をはずされてしまい打ちひしがれる母バチが、悲しみのオーラを強烈に放っているように見えたのです。

私は、この姿がなんともかわいそうになり、なんとか巣ごとわが家のベランダに移住できないか試してみることにしました。私の家の裏の家庭菜園には、無農薬で育てている野菜を食い荒らすイモムシがいます。アシナガバチの幼虫は、母バチが運んだイモムシを食べて成長しますから、もし移住が成功すれば、無農薬畑にとってもアシナガバチにとってもメリットがあります。

以前、工房の入り口に作られた巣を、瞬間接着剤を使って母バチのいない間に少しずつ動かし１ｍほど移設したことがあったのです。その時は、すぐ近くだったのでうまくいきましたが、今回はまったく別の場所への移動です。それに私自身が軽い化学物質アレルギーだったので、接着剤も使いたくありませんでした。

あれこれ考え、ついにいいアイデアがひらめきました。割り箸で巣柄（軸）をはさんで、その割り箸を巣箱の中に固定する方法です。割り箸を使うのは、蜜ろうキャンドル作りの際に、型にセットした糸（ロウソクの芯）を固定する基本的な技術です。本業での知恵が思わぬところで役に立ちました。

ケースごとベランダの手すりに設置し（上）、ケースを外す（下）。初めての移住が成功！

割り箸で挟んだ巣を、入れ物（当時は移住専用の巣箱がなかったので、手近にあったプラスチック製のケースでした）に止め付けてセットし、準備完了。ケースに女王バチを入れると、すぐに巣を見つけてくれました。きっと幼虫たちとの涙の再会だったことでしょう。一晩そのまま家族水いらずで過ごしてもらいました。

翌朝、まだ薄暗い夜明け前にケースの蓋の部分に針金を通して、ケースごとベランダの手すりに固定。静かに、静かにケースのプラスチック容器を外してみました。パニックになり巣を放棄するかもと思いましたが、さすが母バチです。じっと巣にへばりつき幼虫を守っています。ほっとしました。とりあえず成功です。

日中は仕事があり観察できませんでしたが、夕方おそるおそる確認しに行くと……母バチは巣にいました。移住大成功です。翌日には、母バチがイモムシの肉ダンゴを咥えて戻り、幼虫に餌として与える姿を生まれて初めて見ることができました。本では読んでいましたが、アシナガバチは本当にイモムシを捕まえる益虫なのだと感動しました。

この一連の出来事で、私の頭の中で「このアイデアは使える！」と、勢いよくヒラメキの赤色灯が回り始めました。本業であるキャンドル製造の素材である「蜜ろう」に出会ったのと同じくらいの衝撃です。これが「アシナガバチ畑移住プロジェクト」のはじまりです。

アシナガバチを「益虫」として復権させる

私が「アシナガバチ畑移住プロジェクト」を続ける理由は、見つかると駆除されてしまうアシナガバチを不憫に思い、無農薬畑で活躍してもらい益虫として復権させたいという思いからでした。そしてもう一つ、農薬を使わない農家さんがアシナガバチのおかげで少しでも害虫駆除が楽になれば、日本にもオーガニックの農作物が増える一助になるのではと思ったのです。

わが家では、毎年このプロジェクトに協力してもらっている「はしもと農園」の野菜を購入しています。この農園は、化学農薬を使わず有機農業を営んでいます。飼っているヤギに草を食べさせ、その糞を発酵させた堆肥を使っているそうです。この農園のおかげで野菜の美味しさに初めて気づかされました。

私自身も自宅裏にある家庭菜園で、夏野菜を作っています。4年前からは耕さず、草も抜かず、肥料も与えず、水やりもほとんどしない自然農法に切り替えました。年を追うごとに土壌菌が充実してきたらしく、収量も年々アップ。夏から秋、我が家は野菜がふんだんにあふれます。

実は、私は花粉症などのアレルギーを32年間、慢性胃炎を10年位、慢性下痢を20年位、そして自己免疫疾患のバセドウ病を17年患っていました。でも化学肥料や農薬を使った農作物や、食品添加物の入った加工食品などを極力摂らない食生活に変えたら、すべて治ってしまったのです。人一倍、化学物質に弱い体質なのだと思います。

化学物質を畑に入れない、はしもと農園やうちの家庭菜園は、うちの家族にとって大切なライフラインです。こうした「健康を作る農産物」を作る農業が、もっともっと確立されることを心から願っています。

私が「アシナガバチ畑移住プロジェクト」を、誰でもできる取り組みにして全国に普及させる活動をしているのは、こういう背景があるからなのです。

２０２１年、国立研究開発法人農業・食品産業技術総合研究機構の研究者たちがお二人視察にみえました。国が有機農業の農地を２０５０年までに約25％までに増やす指針（通称「みどり戦略」）を出したことで、化学農薬を使わず、昆虫を害虫駆除に利用する研究を本格的に始めたとのこと。私の知らない昆虫の生態などを教えてもらい話は盛り上がりました。

驚いたのは、ハチが狩るイモムシの数です。フタモンアシナガバチ１群が、キャベツ畑のアオムシを１シーズンで２０００匹狩るという、昭和35年の論文が残っているとのこと（「アシナガバチ類についての応用昆虫学的研究」守本陸也、学芸雑誌第18巻第3号より）。

巣に運び入れるイモムシ団子の数は相当多いはずと思ってはいましたが、アシナガバチが実際に狩りをするところはなかなか目撃できずにいましたから、この話を聞いて、アシナガバチを「益虫」として復権させる考え方は間違いではなかったとほっとしています。

格子巣門の思わぬ効果

巣箱の入り口になるこの格子巣門は、毎年改良に改良を加えて現在の形となりました。一番の問題だったのは、格子の隙間です。隙間を広げすぎてしまうと、アシナガバチは通りやすいですが、天敵であるヒメスズメバチにも巣箱に侵入されてしまいます。隙間を㎜単位で調整したり、格子を横や縦にしたりと何度も試行錯誤しましたが、ある日、致命的なことがわかり愕然としました。アシナガバチが肉団子を咥えて戻ってくると肉団子が邪魔で入りづらくなってしまうのです。結果、ヒメスズメバチが通れずアシナガバチだけがスムーズに入れる隙間はないという結論に至りました。

しかしここでふと閃きがありました。もしかしたら極限まで間隔を狭めなくても、ヒメスズメバチを防げるのではと思ったのです。ヒメスズメバチに襲われたのは格子巣門を付けていなかった最初の年だけで、その後は精査していない適当な隙間の巣門でも襲われることはなかったのです。私はヒメスズメバチの襲撃を、ミツバチを皆殺しにするオオスズメバチと重ねて大袈裟に考えてしまっていたようです。

少しかわいそうでしたが工房のアシナガバチの群れで実験してみました。ヒメスズメバチに発見されやすいように、わざと格子巣門を付けない巣箱を2群、並べてみたのです。

しばらくすると片方の群れがヒメスズメバチに襲われ始め、たった半日で半分くらいの蛹たちが引き抜かれてしまいました。すぐに、わざとヒメスズメバチも入れる「9㎜」に広げた格子巣門を設置してみました。結果は予想どおりでした。どちらの群れも襲われることはなかったのです。それから2シーズン、移住させた60群以上に、この9㎜隙間の格子巣門を付けましたが、まだ1群もやられてはいません。もう少し精査が必要ですがきっと、ヒメスズメバチは目が悪いのか、格子を通ってまで入る気にはなれないのかもしれません。

アシナガバチを苦労して畑に移住させても、ヒメスズメバチに襲われれば無駄になってしまいます。この9㎜の格子巣門を作れたことは、私にとって最大の喜びとなりました。

この格子巣門には、ヒメスズメバチ対策だけでなく二つの思わぬ効果がありました。

まず、畑で作業している人が、アシナガバチに襲われにくくなりました。働きバチのいる7月～8月の群れは、巣に近づき過ぎると刺しにくることがありますが、格子巣門がついている巣箱では10㎝前の草を取っても襲ってこないのです。格子巣門を付けていれば、間違って巣箱のすぐ前を歩いても、巣やハチにぶつからなければ襲われることはほぼないでしょう。実際、はしもと農園のご夫妻も一度も刺されてはいません。畑には巣箱を一夏、置きっぱなしにしたままなので、作業中に刺される危険がないことはありがたいです。

さらに、以前の巣門は前面がすべて格子でしたが、現在は2㎝のみにして残りの部分は窓にして網戸用ネットを貼っていますので、ヒメスズメバチの次に脅威だった寄生蛾も入り込みづらくなったようです。この格子巣門を付けて移住させてから、寄生された巣は一つもありません。これについても効果を検証中なので、引き続き観察を続けるつもりです。

移設巣箱（本体）の作り方

ここから、移住の実際を解説していきます。まずは、移設巣箱の作り方です。最初はただの木箱から始まって、天敵であるヒメスズメバチ対策として「格子巣門」を付けるなど、さまざまな改良を重ねてきました。ほぼ立方体の巣箱本体に屋根を取り付けた形になっていて、大きすぎないので組み立てた後も運びやすく、これをはみ出すほど大きな巣を作られたことは1度もありません。「本体」「屋根」「格子巣門（巣箱入り口）」の3つに分けて解説します。

材料
- 幅18cm位の乾燥した板
- 速乾性の木工用ボンド
- 32mmの丸釘
- 画鋲
- 網戸用ネット（黒がベスト）
- クリアファイル

道具
- のこぎり
- 金槌
- かんな（やすりでも可）
- のみ
- 差し金
- 電動ドリル
- はさみ
- タッカー（大型ホッチキスのような工具）

1. 天板と底板（長さ18cm×幅18cm×厚さ1.5cm）を各1枚ずつ、壁板（長さ16cm×幅18cm×厚さ1.5cm）を2枚、計４枚を乾燥した板から切り出します。

2. 巣を巣箱に固定する時、巣柄を割り箸で挟み、細い結束バンドで巣箱に固定するのですが、そのための穴を天板に4カ所開けておきます。その際、結束バンドの受けの出っ張りが収まる穴の大きさにすると、屋根を乗せてもぐらつきません。

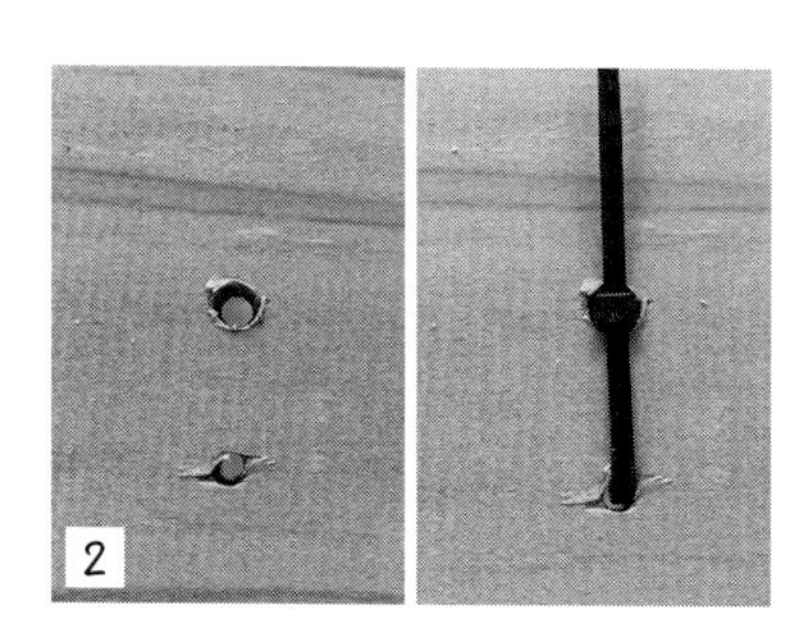

出版案内

ハチ暮らしを楽しむ本

2023.1

手作りを楽しむ 蜜ろう入門
安藤竜二 著

「ハチ暮らし入門」 978-4-540-22123-1

手作りを楽しむ 蜜ろう入門

キャンドル、蜜ろうラップ、木工クリームなど

安藤竜二 著

978-4-540-19152-7 ●2640円

日本で初めて蜜ろうキャンドル製造に着手した著者による、蜜ろうとの楽しい付き合い方。ミツバチの巣からの精製方法、自然な色を活かすキャンドルやハンドクリーム作りなど、この1冊で蜜ろうのすべてがわかります。

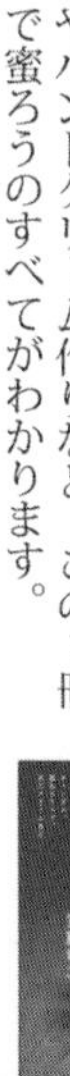

蜜量倍増 ミツバチの飼い方

これでつくれる「額面蜂児(がくめんほうじ)」

干場英弘 著

978-4-540-19104-6 ●1980円

集蜜力の高い蜂群＝巣枠が蜂児で満たされる状態「額面蜂児」を目指した蜂群管理、養蜂の基本「ビースペース」を意識した巣枠管理の実際が、ハチの習性・生態とセットでよくわかる。

だれでも飼える 日本ミツバチ

現代式縦型巣箱でらくらく採蜜

藤原誠太 著

978-4-540-07189-8 ●1870円

著者開発による人工巣、それを収める縦型巣箱で簡便かつ効率採蜜できる飼育法を取り上げ、農山村から都市まで、専門業者から趣味家まで、日本ミツバチの魅力を知り、楽しみながら飼育できるガイドブック。

はじめての自然養蜂

自然巣枠でラクラク

岩波金太郎 著

978-4-540-21170-6 ●1980円

病害虫が増えにくく飼いやすい「自然巣枠式」のミツバチ飼育法をわかりやすく紹介。日本ミツバチ・西洋ミツバチが両方飼える。著者の工夫満載の「かし式巣箱」の特徴や、自分で自然巣枠式

天敵利用の基礎と実際
減農薬のための上手な使い方
根本久・和田哲夫 編著
978-4-540-14166-9
●3080円

施設の天敵 [illegible]
アプローチが異なるそれぞれの天敵利用の実際を再整理し、間違いのない活用法、減農薬につながる具体的技術を示す。躍進著しいスペイン、そして国内の先進事例を多数収録。

人間選書 田んぼの虫の言い分
トンボ・バッタ・ハチが見た田んぼ環境の変貌
NPO法人 むさしの里山研究会 編
978-4-540-04258-4
●1676円

数多くの生き物を育んできた田んぼや畦が、この数十年間で大きく変貌し、多くの生き物が田んぼから姿を消している。トンボ・バッタ・ハチを専門とする3人の「虫屋」が、田んぼ環境変貌の実態と虫たちの言い分を訴える。

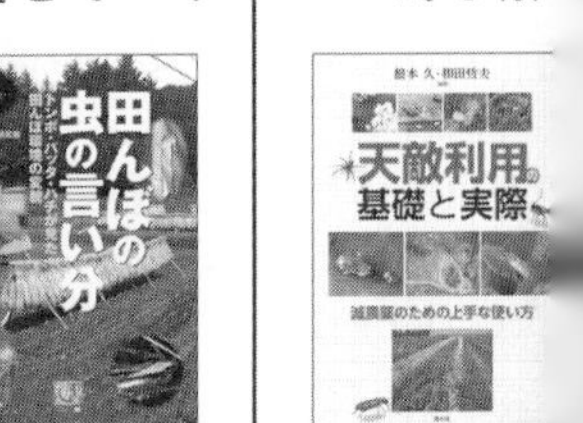

まんがでわかる 畑の虫
おもしろ生態と防ぎ方
木村裕監修、大中洋子絵
978-4-540-19124-4
●1540円

楽しいまんがと平易な解説で、虫の形態や分類などの基礎知識から、畑の害虫のおもしろ生態、農薬を使わない防ぎ方・うまく使う防ぎ方まで、驚くほどよくわかる。虫博士が案内する畑の虫のワンダーランドへようこそ！

これならできる！ 自然菜園
耕さず草を生やして共育ち
竹内孝功 著
978-4-540-10197-7
●1870円

草を刈って草マルチ、野菜の根に根性をつける種まき・定植・水やり・施肥・整枝法、緑肥やコンパニオンプランツとの混植・輪作、生える草でわかる適地適作など、野菜37種の誰にもできる自然共存型の自然栽培法。

月刊 現代農業

作物や土、地域自然の力を活かした栽培技術、農家の加工・直売・産直、むらづくりなど、農業・農村、食の今を伝える総合実用誌。モグラ退治にはチューイングガム⁉農家の知恵や工夫も大公開！

A5 判平均 290 頁　定価 838 円（税込）
送料 120 円

≪現代農業バックナンバー≫

2023 年　1月号　ムダ耕やめた！時代は浅耕・不耕起へ / 今、ドブロクがアツい
2022 年　12月号　今こそ、モミガラくん炭 & 竹炭
2022 年　11月号　重油・軽油・ガソリン代　農家の痛快節約術
2022 年　10月号　生かせ田畑の埋蔵チッソ / 今さら聞けない安い単肥の話
2022 年　9月号　農家がつくれる最高級肥料　光合成細菌
2022 年　8月号　ラクな草刈りがしたい！
2022 年　7月号　あの厄介な雑草とのたたかい方

＊在庫僅少のものもあります。お早目にお求めください。

ためしに読んでみませんか？

★見本誌 1 冊 進呈★
ハガキ、FAX でお申込み下さい。　※号数指定はできません

現代農業 WEB
リニューアルして
情報発信中！

◎当会出版物はお近くの書店でお求めになれます。
直営書店「農文協・農業書センター」もご利用下さい。
東京都千代田区神田神保町 3-1-6 日建ビル 2 階
TEL 03-6261-4760　FAX 03-6261-4761
地下鉄・神保町駅 A1 出口から徒歩 3 分、九段下駅 6 番出口から徒歩 4 分
（城南信用金庫右隣、「珈琲館」の上です）
平日 10:00 ～ 19:00　土曜 11:00 ～ 17:00　日祝日休業

③ 32mmの丸釘を使って、4枚の板（壁板、天板、底板）を立方体になるように組み立てます（約18cm角の立方体になります）。釘をまっすぐに打つには、ドリルで細い穴を開けてから打つとやりやすいです（3-1）。

3-1

アシナガバチの巣は、軒下に作る時は巣板が下向き、壁などに作る時は巣板が横向きになるのですが、巣箱を立方体にすることで、前面に取り付ける格子巣門を縦にも横にも入れられますから、巣板を元と同じ向きに設置できます（3-2）。

3-2

④ タッカーを使って、巣箱の背面に網戸用ネットを貼ります。タッカーは、ホームセンターで1000円もしないで購入できる安価なもので充分です。

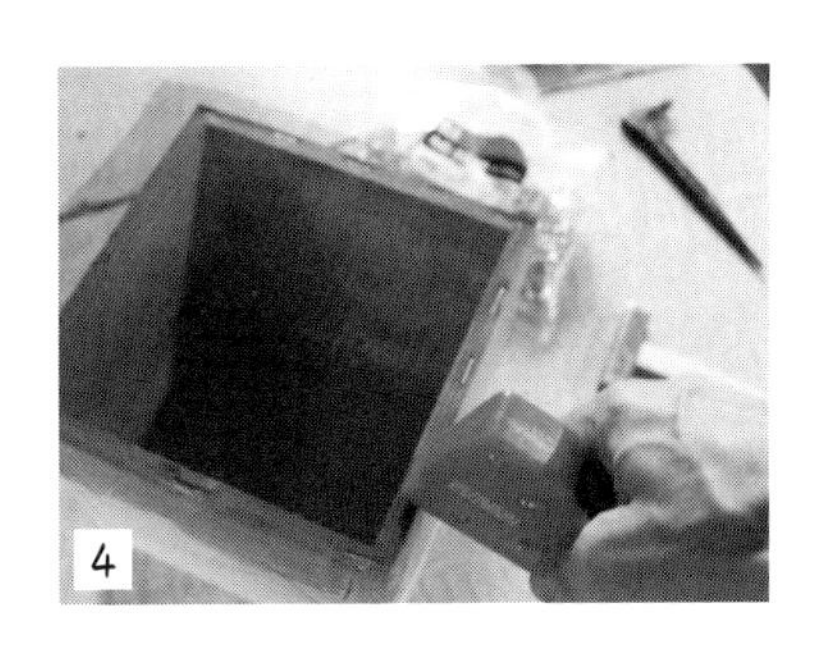
4

⑤ ネットを貼ったら、はみ出た余分な部分をはさみで切ります。さらに寒さよけのため、透明のクリアファイルを使って裏側の上部2/3ほどを画鋲で留めて塞ぎます。巣の中が暖かい方が幼虫の育ちは早いそうです。梅雨が明けたら外します。これで巣箱本体ができました。

5

移設巣箱（屋根）の作り方

材料
- 屋根板・右（長さ28cm×幅18cm×厚さ1.5cm）…１枚
- 屋根板・左（長さ28cm×幅16.5cm×厚さ1.5cm）…１枚
- 屋根の底板（長さ18cm×幅18cm×厚さ1.5cm）…１枚
- 速乾性の木工用ボンド
- 32mmの丸釘

道具
- のこぎり
- 金槌
- かんな（やすりでも可）
- のみ
- 差し金
- タッカー（大型ホッチキスのような工具）

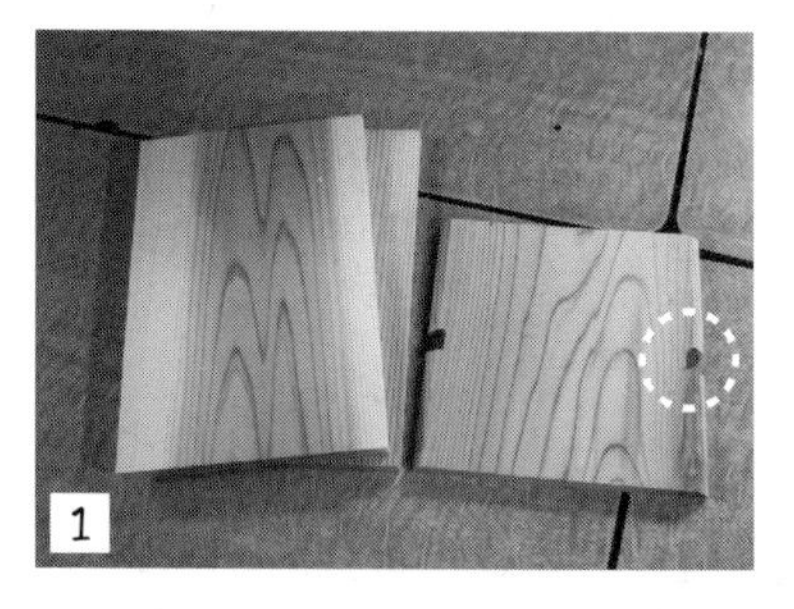
1

1. 屋根に使う板を切り出し、用意します。屋根板の長さを「28cm」と長めにしているのは、出来上がりが巣箱本体よりも前後に５cmほど長くなり、強い雨や灼熱の日差しから巣を守るためです。
底板は、左右に大きめのドリルもしくはのみで溝を刻んでおきます（1の◌の部分）。荷造り用の結束バンドや細いロープをこの溝を通して巣箱本体ごと、コンテナやブロックなどに固定するためです。

2

2. 屋根を組み立てます。左右の屋根板を、丸釘で直角に打ち付けます。屋根板・左は、板の厚さ分を短くしてあるので、左右同じ幅になります。

3

3. 仮止めのため、底板に木工用ボンドを付けます。屋根の裏板の中央に位置するように接着します。目分量で充分です。

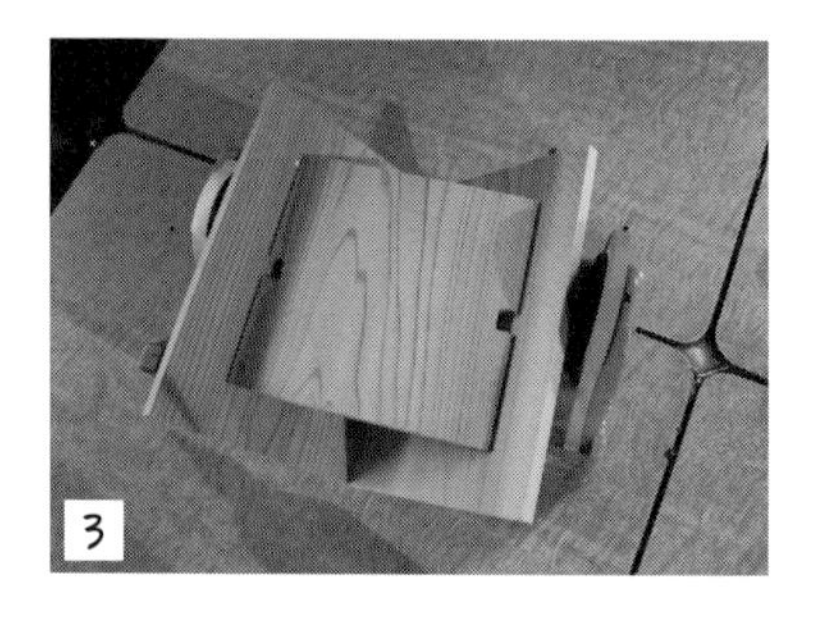
4-1

4. 乾いたら釘を打ち、確実に底板を屋根に固定します（4-1、4-2）。

4-2

格子巣門（巣箱入り口）の作り方

巣箱の枠組みができた現状でも巣箱としては使えますが、このままではヒメスズメバチに襲われてしまいます。天敵であるヒメスズメバチ対策となる「格子巣門」を、巣箱の入り口に取り付けてあげましょう。畑やガーデニングで活躍してもらう分、こうした対策を施して守ってあげたいものです。

材料

- 短い棒（長さ13.4cm×幅1.2cm×厚さ1.2cm）…3本
- 長い棒（長さ15.8cm×幅1.2cm×厚さ1.2）…3本
- 格子の入り口となるブロック…6～7個
  （長さ2cm×幅1.2cm×厚さ1.2cm）
- 幅13.3cm×長さ10cm×厚さ1.2cmの板
  （前面窓をふさぐための板）（蓋にする部分）
- 速乾性の木工用ボンド
- 32mmの丸釘
- 網戸用ネット（黒がベスト）

道具

- のこぎり
- 金槌
- かんな（やすりでも可）
- のみ
- 差し金
- タッカー（大型ホッチキスのような工具）

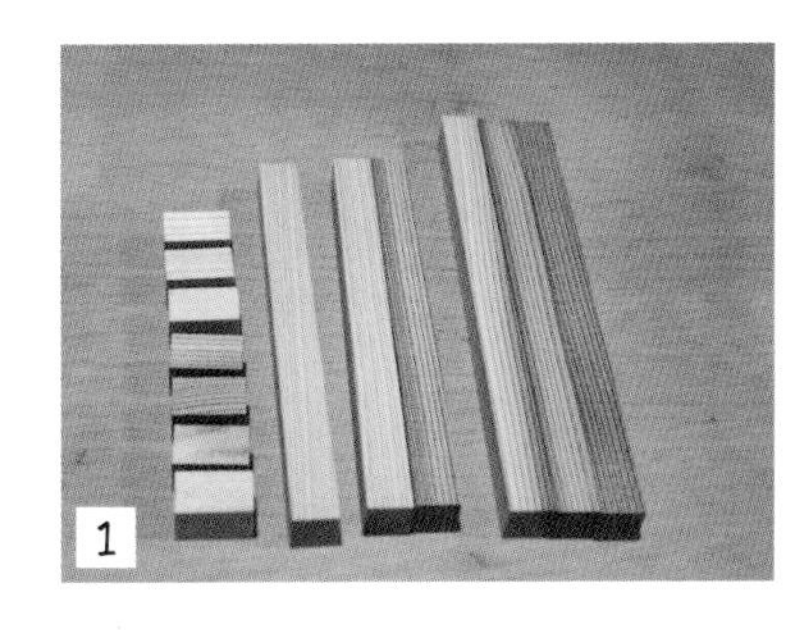
1

① 角材を用意します。

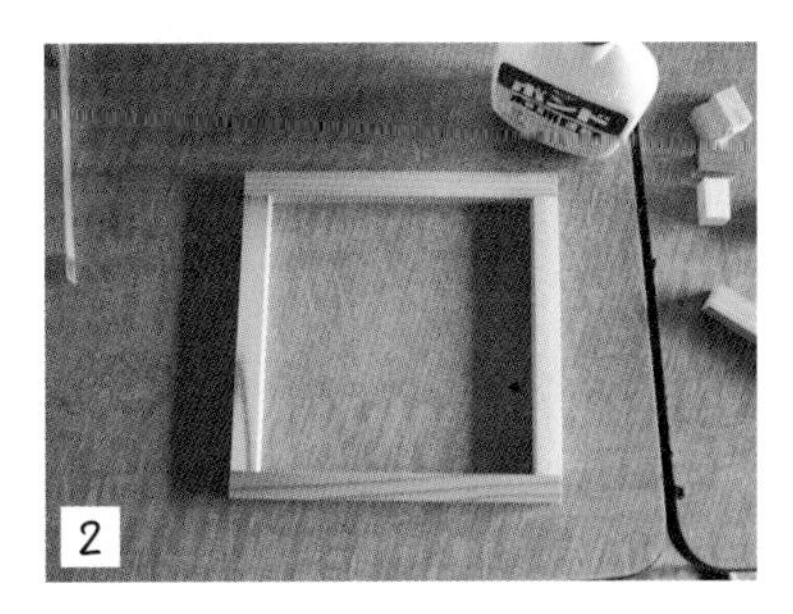
2

② 短い棒が長い棒の中に入るように組み合わせて、正方形を作ります。差し金で直角になっていることを確認して、木工用ボンドで仮止めします。乾いたらドリルで穴を開け、丸釘でしっかり止めます。

3

③ 格子の入り口部分を作ります。入り口のブロックを9mm間隔にして、木工用ボンドで外枠の上部に仮止めしていきます。幅9mmの角材をブロックの間に挟みながらボンドで接着するとやりやすいです。格子の間隔を9mmにしたのは、大型種のキアシナガバチやセグロアシナガバチでもストレスなく出入りができるためです。それ以外の小型種用に、8mm間隔の格子巣門も作れば使い分けできます。
ブロックを接着したら、その下に短い横棒をボンドで取り付けます。ブロックを下からも押さえるためです。

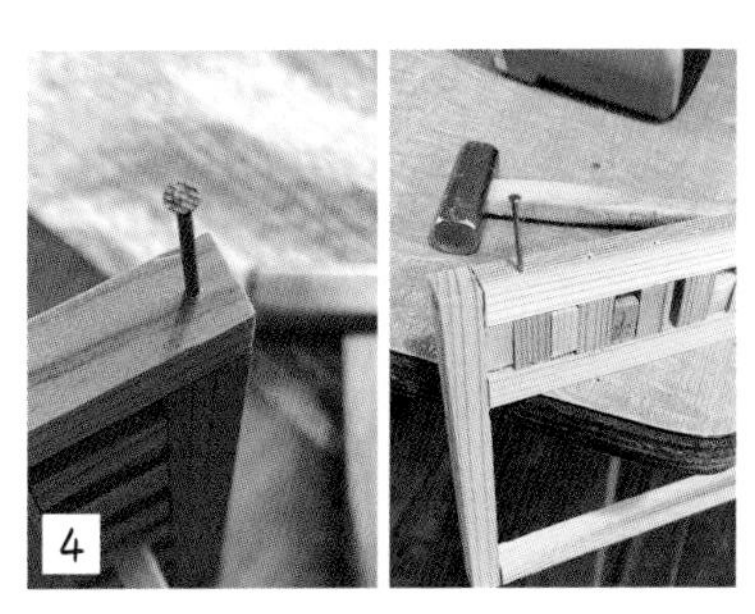
4

④ しっかり留めつけるために、ボンドが乾いたらドリルで穴を開け、ブロックや横棒の部分を丸釘で止めます。

5 タッカーを使って格子下の窓の部分にネットを貼ります。

5

6 さらに入り口でアシナガバチが着地できるように、長い方（15.8cm）の棒を横に木工用ボンドで接着します。

6

7 格子巣門を巣箱本体に取り付けて外れないようにするために、額縁に使う金具（トンボ）を木ねじで取り付けます（7の◌の部分）。

7

8 前面の窓の大きさと同じ板を切って、蓋にします。
移住させたばかりの時に、格子からの出入りに気づかず、格子下のネットのほうから、出ようとしてしまうのを防ぐためです。出入り口を覚えたら外して大丈夫ですが、梅雨くらいまでは、風が当たらないようクリアファイルと板で前後を塞げば、春先の寒さを当てず成長を早めることができます。

8

9 これで完成です。箱本体と屋根は接着しません。屋根があると移設作業の時に邪魔になるからです。屋根は畑に設置する時に、コンテナやブロックに荷造りバンドや紐で固定します。屋根付きの荷造りバンドで巣箱を固定するイメージです。

9

移設巣箱の作り方を簡単にまとめました。私のブログ「アシナガバチを畑に移住させる方法」中の記事では、もう少し詳しく組み立て方や製作のコツを書いています。また材料の調達が難しい方には、木材を切りそろえたキットも販売しています。参考になれば幸いです。
参考記事「最新！ アシナガバチ移設巣箱の作り方（2022年モデル）」：
https://ameblo.jp/asinagapj/entry-12738515857.html

母バチ1匹の巣を移住させる

巣箱ができたので、ここからは実際に畑に移住させるやり方を紹介します。

作業によい季節

4月、営巣を始めたばかりの巣は小さくて弱々しく、母バチもまだ巣への執着心が弱いようです。せめて巣穴が20個以上になるまで、1カ月弱ほど待った方がよいと思います。ただしあまりにも雨ざらしになる場所なら、早めに移住させてあげてください。強い雨が降って流されてしまった巣を見たことがあります。

移設には早すぎる小さな巣（上）、ちょうどいい適期の巣（下）

フタモンアシナガバチなどは特にそうですが、あまり将来のことを考えないで適当な場所に巣を作る母バチもいるのです。そんな時は巣が大きくなるまで、ペットボトルを切って屋根を作り、それを巣にかけてあげてもよいでしょう。

作業する時の服装

母バチが1匹で子育てをしている時期であれば、私は特に防護服も虫よけネットも被らず、ふだんの服装で素手でやります。それでも母バチに刺されたことは一度もありませんし、ハチが刺してくる動きをすることもありません。よほど強くつかまない限り刺さないのかもしれません。ですから防護服のような大げさな服装でなくて大丈夫です（私が行った実地講習会では、小学生も女性も虫よけネットは被らずに素手で半袖で行っています）。

ただし怖がりながらの作業は失敗のもとなので、不安な方は刺されない格好をおすすめします。指先が密着するタイプの薄手のゴム手袋、腕カバー、防虫網付きの帽子、ジャンパーを着用するなどして、皮膚がでないようにすれば安心ですね。

捕獲に向く時間帯

私は、捕獲をいつも夕方にしています。母バチにとっては、捕獲されたのち畑に移住される一連のプロセスは環境が激変する一大事。畑にせっかく巣箱を移住できても、あわてて巣を飛び出し、戻ってこられなくなるおそれがあります。ハチは巣箱の位置や周辺の景色を覚える「記憶飛行（オリエンテーションフライト）」をすることで迷わず巣に戻れるのですが、これをせずに飛び出して迷いバチになってしまう可能性があるのです。

ですが辺りが暗くなれば飛ぶ気持ちはなくなりますので、捕獲が終わる頃に暗くなるような時間帯を選ぶのが安全です。移住した先の巣箱で母バチが一晩落ち着いてから、朝を迎えてほしいと思っています。

母バチ１匹で子育てをしている巣

母バチ1匹の巣の移住

道具
- ビニール袋（薄手の30Lのもの）
- ビニール紐（20cmを数本）
- 大きな輪ゴム
- セロテープ
- 割り箸（防腐剤加工していない国産ヒノキ製がおすすめ）
- 細い針金
- 結束バンド
- PPバンド
- ラジオペンチ
- カッター
- 移設巣箱（62ページ参照）

※最低限必要な道具をあげます。それぞれの使い道については、手順のところで説明します。

① 母バチの捕獲

まず母バチだけを捕獲します。私は薄手の30Lのビニール袋を使っています。巣にそっと近づき、巣全体にビニール袋をかぶせます（1-1）。この時、母バチが飛び立ってくれれば、すんなり確保できます。もし巣にしっかりくっついているなら慌てないで、袋の外から軽く母バチを誘導して巣から離れさせます（1-2）。厚手のビニール袋だと母バチに余計な圧力をかけてしまいますので、薄手を使うのです。この時、巣を壊さないよう充分に気をつけてください。万が一逃がしてしまっても、少し待っていると戻ってきますので、やり直すことができます。慌てないでやってみてください。

② 母バチだけを隔離

確保した母バチは、このあと巣に戻す時のためにビニール袋の隅に誘導して紐で結び、隔離しておきます（2-1）。ハチは上に登る習性があるので、袋を逆さにして少しずつ追いやると簡単に隅に誘導できます（2-2）。

1-1 巣全体にビニール袋をかぶせる

1-2 巣に母バチがしっかりくっついていたら、袋の外から離れるよう誘導する

2-1 母バチをビニール袋の隅に誘導する

2-2 紐で結び、しばし隔離

③ 巣の取り外し

巣を取り外しますが、力まかせに巣を引っ張ると、強力に接着している巣柄（巣の軸）が取れてしまいます。私は薄刃の小さなカッターで、巣柄がくっついている壁や枝の方を削る気持ちで慎重に外します。外した巣は壊れ安いので気をつけます。万が一、巣柄を外してしまっても人工巣柄を作れますので、心配しないで大丈夫です（人工巣柄の作り方は、76ページ参照）。

薄刃の小さなカッターで、巣柄（巣の軸）を慎重にはずす

④ 巣柄を割り箸にはさむ

巣の巣柄を割り箸で挟んで、その割り箸を巣箱に固定します。その際、壁などに横向きに斜め下に向けて作られた巣の場合は、なるべく元の角度になるように割り箸で挟みます。割り箸が割れないよう、箸の太い方（割れていない方）にセロテープを２回ほど巻きつけておきます。巣を挟んだら、しっかり固定するために箸の細い方にもきつくセロテープを巻きつけます。

巣柄を割り箸で挟んで固定された巣

⑤ 巣箱に巣を取り付ける

ぐらぐらしないことを確認したら、巣箱に取り付けます。結束バンドで２カ所を固定します（5-1、5-2）。小枝に作られた時は枝ごと結束してもいいですね。

結束バンドで巣箱に取り付ける

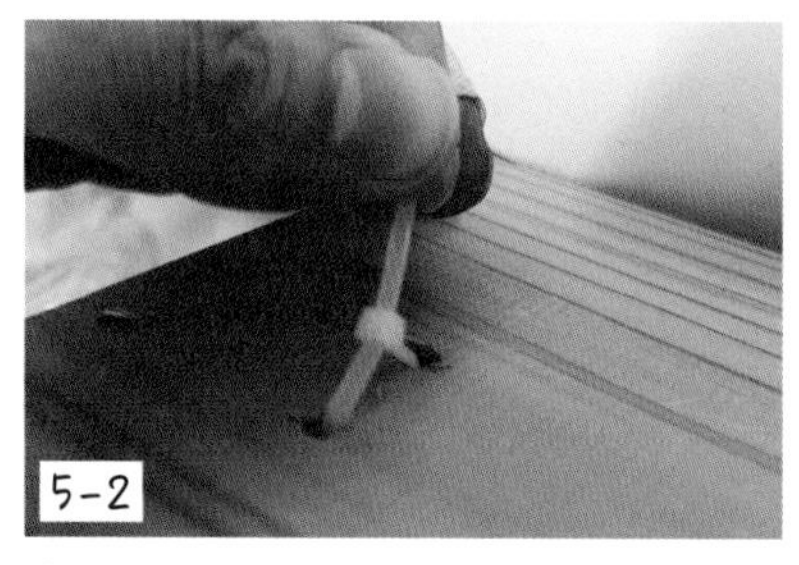
結束バンドの締め方

⑥ 母バチを巣に戻す

母バチはそうとう不安でしょうから、すぐに巣に戻してあげましょう。この時、必ず至近距離に母バチを近づけて巣を見つけさせないといけません。小さな巣箱の中とはいえ、巣を探せなくなってしまうのです。

母バチの入ったビニール袋に、巣箱の前面を入れます。万一、母バチが外に逃げ出さないように、大きな輪ゴムでビニール袋の口を巣箱にとめます（6-1）。袋の角に隔離している母バチの紐を外しますが、まだ角に留まるように、紐のあった場所をつまんでおきます。母バチを巣の真下に持ってきてから、つまんでいる手を緩めて、母バチを自由にしてやり巣に気づかせます（6-2）。その時、もし巣に気づかずに明るい方へ出てしまったら、もう一度、袋の隅に誘導してやり直します。母バチが巣に気付けば、もう巣から離れることはありませんのでひと安心です（6-3）。

そのままビニール袋の上から格子巣門を取り付けます。後ろ側のネット越しに観察すると、母バチがほっとして巣穴の子供たちを覗いている様子を見ることができます。

6-1
母バチが逃げないように巣箱の口にビニール袋をとめる

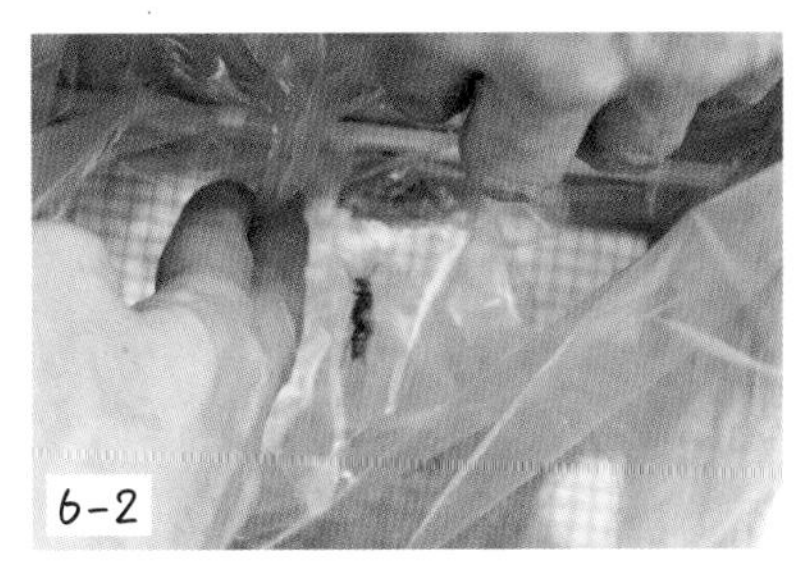
6-2
目の前に巣があるようにビニール袋の位置を調整する

6-3
巣を見つけた母バチ

⑦ 巣箱を畑に設置

暗くなる前に、引っ越しを終えましょう。

巣箱の設置の仕方ですが、協力してもらっている農園では、地面に1m四方の防草シートをペグで張り、その上にコンテナを載せ、やはりペグで固定しています。巣箱の前に草が生えて入り口を塞がれる心配がないので、管理が簡単なのです。

コンテナの上に巣箱を置いたら、屋根の底板の穴に荷造りPPバンドを通して載せ、きつくしめます。ビニール紐でも大丈夫です。これで台風が来ても飛ばされる心配はありません。

格子巣門をそっと少し開けて、はさんであるビニール袋を取れば完了です。翌日、出かけた母バチが巣に戻って来たなら移住大成功です。

7
巣箱を PP バンドでコンテナに設置

⑧ 移住後の管理

巣箱を設置時には、正面の窓の部分を板で塞いでおきます。格子巣門ではなく、網から出入りしようとしてしまうからです。働きバチが生まれて順調に格子巣門から出入りするようになれば外して大丈夫です。

たくさんの巣箱を同じ場所に並べると、迷って他の巣箱に入ってハチ同士が喧嘩してしまうことがあります。なるべく離れた場所に置きましょう。どうしても並べて置くなら巣箱に違う色を塗る、高低差をつける、正面の向きを反対にするなどの工夫が必要です。

巣箱の距離や向きなどに気を付けて、畑に配置

巣の目の前で母バチに気づかせる

ビニール袋から母バチを巣箱に入れるだけでは、逃げ出したい一心で飛び回りなかなか巣に気づいてはくれません。ビニール越しに巣の直前まで誘導して気づかせます。

移住するなら300m以上離れた場所がベスト

移住を成功させる絶対的な条件が、「距離」です。できれば300m以上離れた場所に、巣箱を移動させてください。なぜなら、アシナガバチの行動半径は50 ~ 100mといわれています。母バチは元の巣の記憶があるので、見たことのある風景を見つけると元の巣の場所に戻ってしまい、新しい巣箱に帰れなくなってしまうのです。

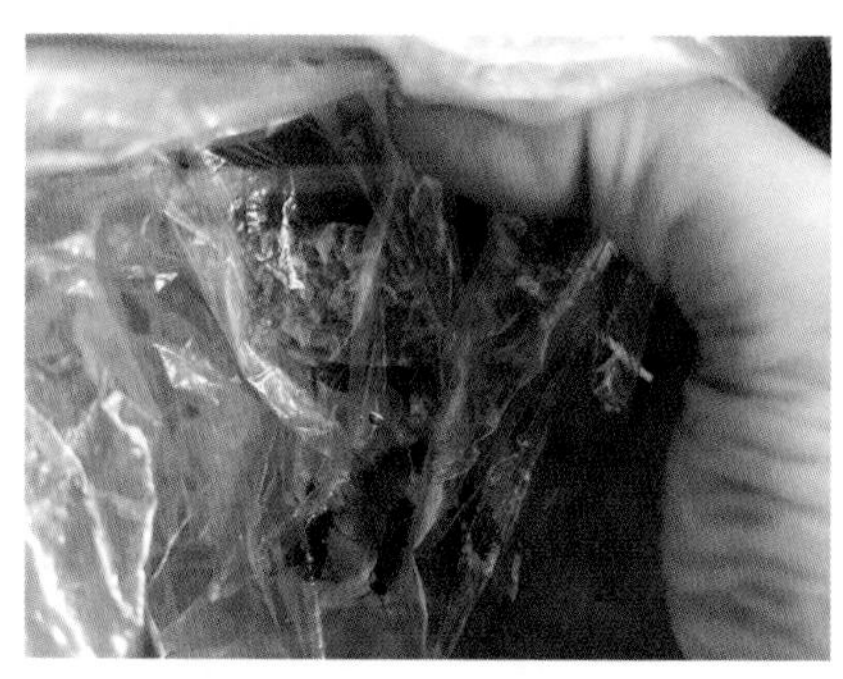
母バチを巣に誘導する

短距離移動するなら少しずつ

数mの短距離の移動なら、脚立に載せるなどして毎日20 ~ 30cm程度と少しずつ移動させましょう。それなら迷わず巣を見つけてくれます。巣箱の移動距離が多くても少なくても、朝一番の記憶飛行をさせたいので、夜や早朝に静かに行います。その際、巣を見つけづらくしてしまうので、格子巣門は付けないで行ってください。

遠距離移動は避ける

場所により、亜種がいる場合があります。同じ国内の移動だとしても、種の保存や環境攪乱の問題がでてくるかもしれません。できれば県をいくつも越えたり、離島などへの移住を避けたりするのが賢明です。

働きバチが生まれた群れの移住

捕獲は、働きバチが戻ってくる夕方薄暗くなってからに限ります。もし、暗い場所に営巣していたり時間がかかりそうな時は赤いセロハンを貼った赤外線ライトで照らすといいです。

働きバチが1～2匹なら、母バチ1匹の時とほぼ同様に、ハチを確保してからゆっくり巣を外すことができます。でも働きバチの数が多いと無理です。静かに近づき、巣柄が外れてもかまわないのでビニール袋で一気にハチごと巣を確保してしまいます。逃げ出すハチがいても、慌てなくて大丈夫です。しばらくすると戻ってきますので、捕虫網で捕まえて別のビニール袋に入れておきます。幸いなことに、アシナガバチはスズメバチやミツバチよりも夕方に巣に戻ってくる時間が早いので、暗くなるまでに余裕を持って作業ができます。

材料
- ビニール袋（薄手の30Lのもの）
- ビニール紐（20cmを数本）
- 大きな輪ゴム
- セロテープ
- 細い針金
- 割り箸（防腐剤加工していない国産ヒノキ製がおすすめ）
- ラジオペンチ
- カッター
- 移設巣箱
- 捕虫網
- 空き缶リング（後述）
- スクレイパー

作業する時の服装
- ゴム手袋（毛羽立っている軍手をハチは嫌うため）
- 腕カバー（絶対必要。袖口が狙われるため）
- 虫よけネットと帽子（頭からかぶるタイプのもの。ホームセンターで購入可）
- 雨合羽
- 長靴

① 捕獲したハチたちと外した巣は、捕まえたビニール袋ごと段ボール箱の中に入れて暗くしておきます。巣を移設するまで余計な体力を使わせないことと、大型のハチがビニール袋を食い破ることもあるからです。

② 巣の移設作業はその場でなく、自宅に戻ってゆっくり行うので大丈夫です。まず、袋の中でたくさんのハチが巣に付いていますので、ビニール越しに優しく巣から分離させます。ただ、大家族になったフタモンアシナガバチなどは、しつこく巣にしがみつきますので、その際は輪ゴムを使います。袋越しにハチのいない部分に輪ゴムをかけて、少しずつ移動させていきます（2-1）。ゴムが巣に密着するのでハチをうまく追いやることができます。巣柄のところに隙間ができて入られる場合がありますが、もう一度同じようにすれば楽にハチたちを分離させられます。巣は袋の隅に置き、ハチが付かないようひもで結んでおきます（2-2）。

輪ゴムを少しずつ移動させながら、ハチを袋の隅に追いやる

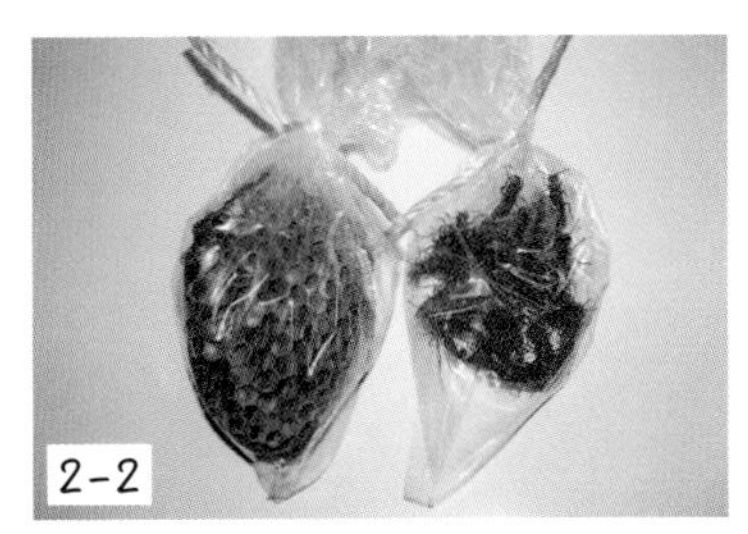

巣とハチを分離させる

③ 次に、ハチたちを袋のもう一方の隅に追いやりますが、ハチの数が多いと少々大変です。紐をはずして逃げられないように手で押さえ、空気を抜きながらビニールを手繰り寄せます。照明のほうに袋の隅を向けると明るい方へ移動するのでやりやすいです。ただ、これもフタモンアシナガバチは明かりに誘われてくれないので、地道にやるしかありません。
また、捕虫網で捕獲したハチがいる場合は同じように袋の隅に寄せ、逃げないように指で押さえ、その指の下でなるべく小さめに袋を切り取ります。元の家族がいるビニール袋のひもで結んでいる手前部分に置いて逃げないように手前を紐で結びます。元のハチたち・ひも・捕獲したハチたち・ひもの順です。まもなく小さなビニール袋からハチが出てきますので、元の家族側のひもを外せば、安全に群れを一つにすることができます。

巣を巣箱に移設したら（その方法は69～72ページ参照）、いよいよハチを巣に戻します。

3
照明のほうに袋の隅を向けると、ハチが明るい方へ移動する

④ 母バチだけの時と同じように、ビニール袋の中に巣箱を入れます。逃げ出さないように巣箱の前面側を輪ゴムで止めます。そして、ハチのいる部分のビニール袋を指で括ってから紐を外し、ハチたちを巣の真下に持っていきます。指をゆるめて、ハチを巣にかぶせるように近づけて、巣に気づかせます。巣に気づくとほっとしたようにゾロゾロと戻ってくれます。ただし働きバチが多い群れの中には、攻撃したくて、巣箱から出たがるハチもいます。その際は、巣箱の後ろ側のネット部分を上にして光が当たるようにすると、光の方にハチが集まるので、出るのを防ぐことができます。

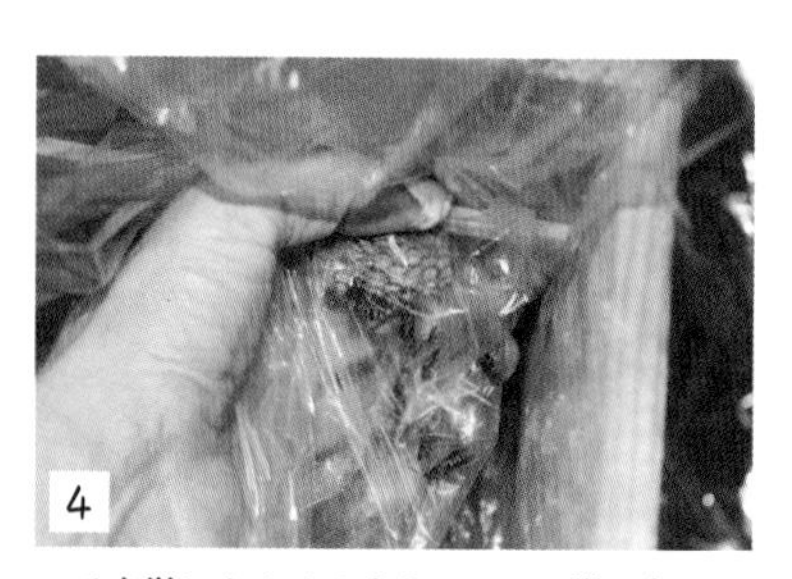
4
ハチを巣にかぶせるようにして、巣に気づかせる

⑤ ハチを巻き込まないよう余分なビニールをたぐり寄せて切り取り、格子巣門を上から取り付けて完了です。ただしこのやり方の場合、母バチを捕獲する際に巣柄が取れることが多いので、人工巣柄をつける方法をお伝えします。

平らな場所の捕獲に便利な空き缶リング

ここでは、移住をより成功しやすくする道具を紹介します。「空き缶リング」「人工巣柄」「吸蜂掃除機」「越冬パイプ」です。

「空き缶リング」とは、大きな粉ミルクの缶か業務用のケチャップ缶を、2cm幅で輪切りにしたものです（切り口が危険なので布ガムテープでカバーします）。このリングに、捕獲する時の薄手のビニール袋を通して5cmほどめくって使います。軒下や壁などの平らな場所に作られた巣を捕獲する場合に、とても便利な道具です。

まず、このリングを素早く巣にかぶせて片手で押さえます。ハチたちが騒いで飛び出そうとしても、リングで隙間なく押さえているので外に逃げられることはありません。

そして慌てずに軒天とリングの隙間から薄いスクレイパーを差し入れて、巣柄の根元をトントンと軽く叩くように押して巣を外します。軒天に巣がなくなれば、ハチはほとんどいなくなるので、静かにビニール袋の口をすぼめて捕獲完了です。

このやり方をしてから巣柄はめったに取れなくなりました。ただし、巣が平らな場所に作られた時にしか使えないので、次に巣柄が取れてしまった時の対処法も紹介します。

空き缶リング（上）、それを使って巣にかぶせているところ（左）

移設の成功率を高める人工巣柄

針金を使えば、人工の巣柄を簡単に作ることができます。この人工巣柄を使うようになって、巣の巣箱への移設は100％成功させられるようになりました。この方法は、割り箸同様にその後ブログやツイッターでも紹介して、現在多くのハチ愛好家のみなさんが採用してくれています。

1 巣柄の太さと同じくらいの太さの針金を7～8㎝ほどに切ります。そして先の細いラジオペンチを使って、針金の片方をクルクルと巻いて先を丸めた部分（私は「ボッコ」と呼んでいます）を作ります。ボッコは巣穴に入る大きさにします。

2 次に取り付け方です。なるべく真ん中あたりの幼虫がいない巣穴を探して差し込みます。ボッコが引っかかって抜けてきません。

3 その針金を割り箸ではさんで、余った針金を巻きつければ完了です。あとは、ハチたちが唾液で固めてくれるの

ラジオペンチに針金を巻き付け、ボッコを作る

ボッコを巣の真ん中に差し込む

割り箸に余った針金を巻き付ける

で多少ぐらついていても心配はありません。初めて成功した時の喜びは忘れられません。

真ん中に空いている巣穴がない場合は2点止めして、元の巣柄があったところが割り箸に触れる位置で止めます。また、キアシナガバチの8月の巣に限りますが、巣の上部が尖っていて空洞になっているので、そこに横から針金を刺して2点止めにすることもできます。

どんな場所でも巣を捕獲する吸蜂掃除機

軒先の雨樋の中など、手の入らない狭い隙間に作られた巣の場合、ビニール袋での捕獲はできません。その時は吸虫管ならぬ「吸蜂掃除機」を使って、ハチを吸い取って捕獲します。

掃除機で吸うと華奢なアシナガバチの体がバラバラになりそうで、なかなか使えませんでしたが、一度思い切って使ってみたら大成功。これにより、どんな場所に作られた巣もハチごと捕獲できるようになりました。

《材料》
硬いポリタンク（硬くて中が暗くなる濃い色のもの。私は軽油用の深緑色のものを使用）／家庭用掃除機／洗濯機用の排水ホース5m／石油タンク用のそそぎパイプ／網戸用ネット

1 捕獲したアシナガバチを出すために、ポリタンクの側面を10㎝角に切り取ります。カッターで切ると硬くて時間がかかるので、ドリルで穴を開けて細い細工のこぎりで切ると楽かもしれません。切り取った側面は穴に戻して、隙間から空気が入り込まないよう布のガムテープでしっかり固定しておきます。

2 掃除機とタンクをつなぐ、3mくらいの洗濯用ホースを取り付けます。石油タンク用の注ぎパイプの根元に使われているネジ部分がうまく使えました。

3 洗濯用ホースのタンク側の口には、ハチを吸わないように網戸用ネットを付けます（布のガムテープを巻いて取り付けます）。

4 ハチを吸う1・5mくらいのホースをタンクに取り付け

ます。手順2のホースよりどうしてこちらが短いかというと、なるべく吸い取られる時間を短くして、ハチのダメージを軽減したいためです。

5 ホースの先には、硬いパイプを30㎝ほど取り付けています。ホースが柔らかくて曲がりやすいので、手が入りづらい場所でうまく吸い取れるようにするためです。最後に、梯子の上でも安全に作業できるよう、タンクに紐を付けて背負えるようにしました。

《使い方》

ハチが逃げ出さないよう巣に静かに近づき、巣の端の方からハチを吸い込んでいきます。大きくなった巣は思ったより丈夫ですが、なるべく壊さないよう、吸い込み方は加減します。

逃げ出したハチは戻って来るのを待って吸い取るか、捕虫網で捕まえます。終わったら吸い込み口から出てこないように新聞紙などを詰めておきます。

ハチを外に出す時は、タンクの開口部を止めている布のガムテープを一部だけ残してはがしておきます。その開口部に、ビニール袋をガムテープなどで取り付けます。ビニール

が覆った状態で、ビニール越しに開口部の扉を開けます。室内で開口部を電灯の方に向けるとハチが出てきます。タンクを寝かせて、光の当たる方に開口部を向けておいてもよいでしょう。ただしハチによっては、すぐには出てこない場合もあるので、その場合は翌朝まで落ち着かせて、明るくなって出てくるのを待ちます。

巣箱を使わない簡単な移住のさせ方

巣箱を作らないで、300m以上離れた建物の軒下などに移住させる方法もあります。まず割り箸に巣を固定したら、移住先の壁や柱に、針の長い画鋲や釘を使って割り箸ごと固定します。雨が当たらず日当たりの良い南か東向きの壁が望ましいです。夕方にビニール袋の母バチを袋ごと巣に被せるようにして、巣の目の前で気づかせるようにします。巣に気づきさえすれば、しばらくは巣を離れません。まもなく日が落ちますので、一晩落ち着けば、そこを新しい居場所にしてくれます。

また建物に営巣した場所から少しだけずらしたい場合は、日中、母バチが出かけている間に巣を割り箸に付け替え、一日目は同じ場所に、2日目から毎日20～30㎝程度ずつ巣を移

吸蜂掃除機でハチを吸い取っているところ

動させます。巣箱に入っていないので夜間や早朝の移動はできません。割り箸に固定しただけなら、まわりの環境は変わっていないので、帰ってきて少しずれていても見つけやすいです。画鋲が刺せない場合は布のガムテープを使うといいですね。

アシナガバチの営巣を見つけてしまうのは、7月に入って巣が大きくなり、働きバチが飛び交うようになってからの方が断然多いです。母バチ1匹で子育てしている間は、よほどのことがない限り攻撃してこないので安全です。私のワークショップでは、小学生でもふだんの服装で素手でできるほどです。ですが働きバチが生まれると、とたんに攻撃性が増します。ですからうまく作業しないと刺される場合もあること、ハチを逃がしてしまう可能性も理解していることが、移住を成功させる大前提となります。

移住先の壁や柱に、割り箸ごと巣を固定する簡単な移住のさせ方

はじめは私もたくさんのハチを目にすると怖かったので無理は言いませんが、もし少しの優しさと勇気があるなら、移住させてみてはいかがでしょう。うまく移住させるのには注意が必要で、絶対に刺されない服装で臨むことが肝心です。

9月以降の群れを移住させるための越冬パイプ

9月以降の群れを移住させるのは困難です。

アシナガバチの子育ては、山形では8月末頃に終わってしまいます。蛹になって蓋がされれば、もう餌となる肉団子を運ぶ必要はありません。母バチや働きバチは最後の子育てを終えると寿命となり、巣に残るのは少しのオスバチと来春の母バチだけになります。このハチたちは巣への執着心がありませんから、移住当日は巣に落ち着いたとしても、翌日にはいなくなってしまうことが何度もありました。

巣への執着心がないのは、天敵のヒメスズメバチなどの襲撃に遭うと、巣を放棄して逃げ出す習性があるためです。来春繁殖するためには、自分の体を守ることがなにより大切です。移住させても脅威を感じて逃げ出してしまうというわけ

です。

それでも農園に移住させる価値は充分にあります。たとえ巣を離れても農園周辺で越冬しますから、来春には新しく巣作りをして群れが定着してくれるでしょう。

新規にアシナガバチを農園で飼いたいという方の畑に、そんな群れを5群プレゼントしたら、翌年に10群以上の巣を見つけたと喜んでいただいたことがあります。

ただし9月は攻撃性はないのに、ハチの数が多く、時には100匹を超える群れもいます。少し怖く感じる場合はハチの過ごしやすさも考えて、次に紹介する「越冬パイプ」に移住させてはいかがでしょうか。

この越冬パイプを巣の近くに設置しておけば、来年の母バチたちが気づいて入り込んで休眠してくれます。ですから、春までの間に農園の作業小屋など雨の当たらない場所に移動させることができるのです。暖かい車の中で目覚めてしまうといけないので、畑に着くまでは、越冬パイプの入り口に詰め物をして、塞いでおきましょう。

ただし近隣に住宅があるような畑は避けてください。目覚めた母バチたちが住宅に営巣してしまい迷惑となります。

また、自宅で営巣した群れの新しい母バチたちが、来春になり近所に巣を作って迷惑をかけないために、この越冬パイプを利用して、民家のない場所に引っ越しさせるのもいいでしょう。その際は外側にアルミシートではなく、いらなくなったタオルなどを巻いて作れば、そのまま自然に還りゴミになることもありません。

越冬パイプと自然営巣群

越冬パイプで移住させる

アシナガバチは、霜が降りる10月半ばにもなると、少しずつ越冬のために巣を離れます。見たことはありませんが、樹木や建物の隙間などに、種類を問わず集団で入って越冬するそうです。「ならば」と考えたのが、竹筒で作った越冬パイプです。作り方は簡単です。

1 竹の節を一つ残して15㎝ほどに切り、節にアシナガバチが通れるように1㎝ほどの穴を開けます。あまり大きく開けてしまうと、カメムシに一足先に入られてしまいます。

1

2

2 節のない方には発泡スチロールを詰めてガムテープで塞ぎます。

3

3 さらに竹筒の外側にアルミの保温シートを巻いたら、暖かな越冬場所の完成です。

4-1

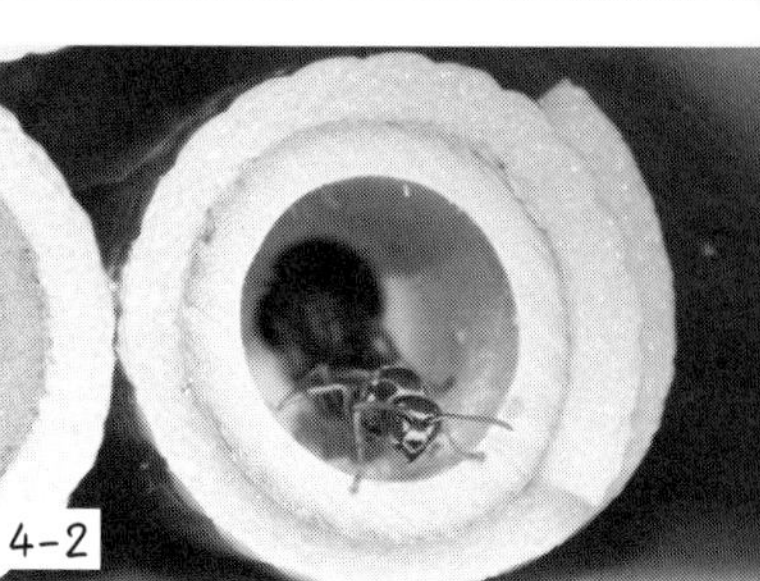

4-2

4 私はこれを、9月末に巣箱の屋根裏部分に設置しておきます（4-1）。するとアシナガバチたちがしだいに気づいて入ってくれるようになるのです。暖かい日は外に出てきて、夕方になるとまた越冬パイプに戻ったりしています（4-2）。私の作った越冬場所が認められたようでうれしかったです。この季節は人を襲うことはありませんから、この越冬パイプを自然営巣群の巣の近くに置いてみてはいかがでしょう。（81ページ写真参照）私はビニール袋を利用して固定しています。

アシナガバチ〝ビジネス〟の未来

「アシナガバチビジネス」、つまりアシナガバチを商売にすると書くと、いささか抵抗を感じる方もおられるかもしれません。私の「アシナガバチ畑移住プロジェクト」の取り組みも、お金が絡むといっきに美談ではなくなってしまいます。

ですが、養蜂家が果樹園の花粉交配のためにミツバチを貸して対価を得るように、アシナガバチを農家の畑に移住してイモムシを駆除させ、対価をいただけたらということは、プロジェクトを立ち上げた当初から考えていました。虫やハチ好きな人たちの副収入になり、全国にこの取り組みを広めやすくなるのではないかと考えているのです。

ただし実際に進めて感じた問題点は、群れが健全群として安定しないことでした。せっかくアシナガバチの巣箱を畑に納品しても、すべての群れが大きな家族になれるわけではないのです。理由はいろいろありますが、途中で母バチがなんらかの事故で命を落としたり、ガに寄生されやすいことが挙げられます。

これでは、せっかく対価を支払った農家を満足させる取引にはなりません。農家もなるべく余分な経費はかけたくないでしょう。これまでの取り組みで、これはいつも頭の中にひっかかっていた課題でもありました。

ですが最近、やっとビジネスとしての可能性を感じられるようになってきたので、未来への提案としてポイントをまとめてみます。

ポイント1　畑への導入は、働きバチが数匹生まれた群れになるまで待つ

山形では、6月後半になると働きバチが生まれ始めます。働きバチたちが外へ出るようになれば母バチは巣で産卵に専念し、命を落とすことはなくなります。畑への導入はこの段階になってから行うのがいいでしょう。

ポイント2　母バチ1匹を捕獲した時は、すぐにヒメスズメバチ対策のための「格子巣門付きの巣箱」に移住させる

寄生蛾や寄生蜂は、隙があれば巣に侵入して産卵をしてしまいます。格子巣門付き巣箱では、網戸用のネットを貼っていますから、小さな寄生蛾も巣箱には侵入しづらいようです。ですから捕獲後にすぐに設置すれば、寄生される確率を減らすことができます。働きバチが生まれる頃には寄生の有無がおおよそわかるので、納品は確認してから行えます。

ポイント3　料金は「駆除依頼者」と「移住先の農家」の双方からいただく

駆除費用を分担していただくことで、双方の負担が軽くなるかもしれません。アシナガバチの駆除は、殺虫剤をかければ比較的簡単にできるだけに、捕獲に高い料金がかかると依頼が来なくなるかもしれません。現在はほぼボランティアですが、どのくらいが適正な価格なのか、対価をいただくことを始めてみようと思っています。

ポイント4　巣箱はリースして冬に回収する

10月末になれば、ほとんどのアシナガバチは冬越しのために巣を離れます。ハチがいなくなる11月には巣箱を回収して、来春に向けて掃除やメンテナンスをしておきましょう。残った巣の状態を見ると大家族になれたかを判断できるので、翌年につながります。何より楽しみなことです。

一人でも多くの人にアシナガバチマイスターになってもらうために、依頼があれば実地研修会も行っています。出張も受け付けています。事前に私の移設作業の動画を見ていただき、注意事項をレクチャー後、作業に適した夕方に自ら実践していただきます。最後に交流会をすると、ハチ談義で盛り上がりとても楽しい時間となります。

まだ構想中ですが、駆除依頼者と移住先の農家をマッチングするネットワーク作りを考えていきたいです。ミツバチが花粉交配で活躍するように、アシナガバチも畑のイモムシ駆除であたりまえに益虫として認識され、活躍する時代がくることを願っています。

4章
スズメバチ

スズメバチの生態

スズメバチとの共生はできるの？

私はこれまでの40年間で、1000群以上のスズメバチを駆除してきました。ゆえに「ハチ駆除のプロ」と呼ばれることがありますが、ハチが大好きな私にとってはあまりうれしくない呼ばれ方です。

とはいえ現代のハチに対する価値観では、住宅に営巣したスズメバチと共生するのはやはり難しいです。どんなにハチに理解がある方でも、ご近所からのクレームは逃れられません。私が駆除を断ってもし刺されてしまったら……、あるいは悪徳駆除業者の暴利を貪るような請求に遭ってしまったら……そう思うと心が痛みます。そしてスズメバチにとっても、業者の愛情のない駆除に遭うなら、せめてハチが大好きな私がやってあげた方がいいのではとも思ってしまいます。

結局、毎回複雑な気持ちのまま駆除を引き受けてしまいます。

しかし結局、駆除するたびに心は痛み、「ごめん」と念じずにいられません。なにしろスズメバチにとっては、人の家も自然の一部ですし、はじめから人を襲ってやろうなどとは微塵も思ってはいないのです。人間同様、子供たちを守るために必死に生きているだけです。それに何よりスズメバチもアシナガバチ同様、畑や花壇の害虫を狩って人に貢献している側面もあるのです。

私の住むこのあたりには、スズメバチが8種類ほどいますが（日本に生息するスズメバチの仲間は3属17種類だそうです）、それぞれに性格も習性も違います。寄生虫などにより大きな家族になれない発達不全群もけっこういます。人を襲わない場所や距離感をもって営巣している場合もあります。温厚なスズメバチもいます。駆除しないで済ませられる場合も多々あり、極力巣を作らせない方法もあります。

スズメバチの生態を知っていれば、初期の巣の駆除は、実は誰にでも簡単にできます。地域に適切な料金で駆除してくれる良心的な方が一人でもいれば、悪徳駆除業者の被害を防ぐことにもつながります。

　まだまだ、スズメバチと人との共生は難しいまま、私の心も複雑なままですが、スズメバチと人の共生の糸口となるよう、その生態や、現在模索していること、そして安全で確実な駆除方法について紹介します。

スズメバチの一年

　スズメバチも、アシナガバチと基本は同じ生活サイクルになります（「アシナガバチの一年」、43ページ参照）。

　春、建物や樹木の隙間で越冬した母バチが目覚めると、単独で巣を作り産卵します。やがて働きバチが生まれると母バチは産卵に専念し、餌や巣材の調達を働きバチがするようになります。秋には、オスバチと来年の新しい母バチが生まれます。そして晩秋に巣を離れて交尾して越冬します。

　ただしアシナガバチと違うのは、狩りをする期間が2カ月近く長いことです。オオスズメバチは、10月になってもミツバチを集団で襲ってきます。他に昆虫がいなくなるので、ミツバチや同族のスズメバチの巣を、最後の一攫千金とばかりに狩りをするのです。

　対するアシナガバチは、9月になってスズメバチが猛威をふるう前に、翌年母バチになるメスバチの子育てをなるべく早く終えてしまいます。子育てが終わると、アシナガバチは狩りを終えてしまうのです。アシナガバチの幼虫を専門に餌にするヒメスズメバチだけは、アシナガバチという獲物がいなくなるので、同様に子育ても早く終わるそうです。

攻撃力のピークは9月

　スズメバチの攻撃力のピークは9月です。7月の群れはまだ小さく、攻撃する働きバチも少ないので、人を刺そうと攻撃してくる範囲は狭いです。この時期に駆除を依頼されて下見に行くと、かなり巣の近くに寄っても、めったに襲ってはきません。

　しかし8月になると巣が日に日に大きくなり、ハチの数も増え、攻撃力も強くなってきます。特に9月は注意が必要です。キイロスズメバチの場合は、9月になると巣が大きなビーチボール大になり、巣の外壁にはいつも10〜20匹の門番たちがウロウロして警戒しています。駆除の下見に行くと、フワッとそのうちの1匹が降りてきて、体の周りを飛んで威嚇されることがあります。まだ刺す気はないので静かに離れま

巣穴の中から警戒してこちらを見つめるコガタスズメバチ（写真左側の◌のところ）

すが、40年駆除をしていても緊張する瞬間です。

ただし、温厚なスズメバチもいます。コガタスズメバチなどは、体がキイロスズメバチより大きいのに、9月でも近づいただけではめったに威嚇してきません。外壁にも巣作りするハチはいても警戒する門番たちはめったに見かけません。巣穴の中からじっとこちらを見つめている1～2匹のハチを認めるだけです。ただし庭木や生垣を好んで営巣しているので、近くの枝を揺らしてしまうと大きな羽音を立てて向かってきます。また、私は一度も駆除したことがありませんが、ヒメスズメバチも温厚だそうです。

スズメバチの攻撃範囲は、巣の大きさに比例して広くなります。それは、駆除を依頼してくる方も同じ意見で、「全然襲ってこないから、ずっと巣をそのままにしていたのだけれど、突然刺されてしまった」と話す方が多いのです。せっかく共生を試みてくださったのに、残念な出来事です。

では、どれくらいまで近づいたら襲ってくるのでしょうか。攻撃範囲の実際は、私もさすがに実験して試したいとは思えず、はっきりとはわかりません。経験から言えば、9月のスズメバチであれば、5m以内に近づきたくはありません。

そして刺される条件は、「近づく」だけでなく様々あります。走り回る、手を振り回す、巣が揺らされることは、そうとう気にさわるようです。駆除の依頼者からよく聞くのは、草刈りをしていた時、畑を耕していた時、家の補修で金槌やのこぎりを使った時、塗装していた時などに刺された方が多いように感じます。

やっかいなのは、まれに初めから刺す気満々の群れもいることです。それは「手負いバチ」です。自分で駆除しようと思い、市販のスズメバチ殺虫剤をかけて中途半端な駆除になった群れや、誰かが石を投げて巣を破壊された群れなどは、ひどく敏感になっています。ですので特に注意が必要です。

刺されないためにできること

周りの環境が許して、スズメバチと共生を図る場合は、「スズメバチが嫌うこと」をしないよう、努力する必要があります。これまで何度も書いてきたように「近づきすぎない」「早い動きをしない」「振動を与えない」ことが、最低限の条件です。

スズメバチの場合は、9月になったら低い位置にある巣には10ｍ以内には近づかないほうが安全でしょう。巣に出入りするハチと接触する場合もあるからです。「黒い服を着ていると刺されやすい」のは本当ですが、それはハチが怒っている時だけです。そして巣からある程度、離れていたとしても、常に静かにゆっくり歩くことが必要です。どうしても近くに行かなければならない時は、防虫網付きの帽子をかぶり、さらにゆっくり静かに歩く必要があります。ハチは動かないものが見えないからです。これ以外に気を付けたいことは、2章30ページの「刺されやすい動き、服装がある」で書きましたので、参考にしてみてください。

付き合い方

巣を作らせない対策

作られやすい場所がある

過去に巣を作られたことがある住宅は、アシナガバチ同様、高い確率で再び作られる場合があります。これまでの経験でも、同じお宅からの駆除依頼はとても多いです。なかには毎年のように駆除に行くお宅もありますし、廃屋でしたが過去代々の大きな巣が三つ並んでいたこともありました。

一概に言えませんが、作られやすい住宅の特徴は、新しい家よりは古い家であること、軒天に石膏ボードが貼られておらず構造材がむきだしになっていること、住宅の裏に山もしくは土手があることなどがあげられます。

巣を作られやすいエリアもあります。15年前から使っている地図帳には、駆除したお宅を赤鉛筆で塗りつぶしているのですが、特に赤が目立つページが数カ所あります。やはり、山に隣接している集落が多いようです。逆に水田に囲まれた集落ではとても少ないです。おそらく化学農薬が使われることで、餌になる虫がいなくなったからでしょう。

忌避剤を使う

これまで巣を作られたことがあるなら、その場所の周辺には、春になったら忌避剤を散布しておくといいでしょう。スズメバチが営巣を始めるのは4月～5月なので、その直前が有効です。またキイロスズメバチは「2次営巣」といって、家族が数十匹に増えてから軒下などに引っ越します。山形の場合はその時期が7月なので、事前の6月に軒天に散布しておくのがおすすめです。

忌避剤はアシナガバチ同様、木酢液を水で薄めたものがいいです。私は頼まれると原液を2～3倍に薄めて使っています。ハンドルを手で上下させて圧力を貯めるタイプの、5Lほどの肩掛け噴霧器を使うと、簡単で広範囲に散布できます。

せっかくなので軒天だけでなく、スズメバチが巣を作りやすい縁の下の通気口、ベランダの天井、登れるなら屋根裏の通気口、雨戸の戸袋、生垣や庭木などにも散布しておきましょう。ただし、あまり濃いものを植物にかけるとよくないらしいので、噴霧の最後に原液を20〜30倍ほどに薄めたものを使っています。木酢液は、ハチだけでなく、ネズミや害虫に対しても忌避効果があるので一石二鳥です。

家の隙間を点検

スズメバチは、軒天に堂々と巣を作るだけでなく、屋根裏や軒天の中、壁の中、そして縁の下にも作ります。新しい住宅はまだ隙間も少なく入り込みづらいようですが、古い住宅は、木が乾燥して思わぬところに隙間ができる場合がありますし、軒天の板が朽ちて外れていたり、キツツキに穴を開けられていたりします。また、壁に断熱材が入っていないと空間があるので、格好の営巣場所になるのです。

こうした隙間は、営巣前の4月以前に補修するのがいいですが、間に合わないならガムテープを貼る、新聞紙を詰めるなどをするだけでも、充分な対策になります。こういった隙間があると、ミツバチの巣別れ群も入り込みますから、なるべく隙間があれば塞ぐことをおすすめします。

屋根裏の通気口や縁の下の通気口は、元々、スズメバチが出入りしやすい隙間になっていることが多いです。屋根裏に入っての駆除作業は困難なので、多額な駆除費用がかかるおそれがあります。なぜなら、閉所空間なので失敗した時の逃げ場がなく、防毒マスクをしても噴霧された殺虫剤を吸い込むことにもなります。とても暑く、埃まみれにもなりますから、私自身もやりたくない駆除です。予防策として、あらかじめ通気口に細かい金網を張って侵入を防ぎましょう。

また、板の節穴や建築時にちょっとした所に隙間が残されている場合があります。ハチは、1cmの隙間があれば入り込みますから、新築の予定があるならとにかくハチの入り込む隙間を残さないことを、建築家にお願いしてみてください。

営巣点検

軒下、屋根裏と縁の下の通気口、庭木、生垣などを、5月、6月、7月と毎月定期的に点検するとよいでしょう。はじめは母バチ1匹で子育てするので出入りが少なく、特に建

コガタスズメバチの初期の巣。徳利をひっくり返したような形の巣を作る

物内部に作られた巣は見つけづらいです。働きバチが数匹生まれれば、5分ほど気長にじっと定点観察していると、ハチが出入りしているのを見つけられます。

コガタスズメバチなどは6月に巣を作りはじめてそのままそこで営巣しますが、キイロスズメバチは7月に入り、働きバチが数十匹になると、狭い場所で暮らしていた巣を壊して運び、軒下などに引っ越してくるのです。駆除に駆けつけると「突然できた」とよく驚かれます。

点検で営巣を見つけた場合の処置

見つけた時の処置ですが、季節により方法が変わります。まず5月～6月初め。地域によりますが、母バチがまだ家族を持たず1匹の場合が多いです。コガタスズメバチの場合は、徳利をひっくり返したような形の巣をぶら下げているので一目でわかります。入口を真下に向けたこの長い形にすることで、侵入者を入り込みづらくしているのだそうです。働きバチが生まれると、この長い入口を壊して新しい巣穴を側面に作り丸い巣にします。

ですから徳利状であれば、まだ母バチしかいないことになります。よく観察して、母バチが餌や巣材確保のため、巣から飛び立ち不在となった時に棒などではたき落とします。私はいつも素手のまま、巣にビニール袋をかぶせて取っていますが、心配でしたら防虫網付きの帽子、ゴム手袋をはめて、殺虫剤を入り口から一吹きしてから行えば安心です。

さらに巣のあった場所に、忌避剤となる木酢液を薄めたものを霧吹きでかけておきます。戻ってきた母バチはしばらく巣を探して飛び回っていますが、刺すことはありませんし、

節穴に殺虫剤を入れてスズメバチを駆除

忌避剤が嫌でまもなくあきらめていなくなります。

運よく建物の隙間から出入りしている母バチを見つけた場合は、同じように母バチが留守の間に、隙間に新聞紙などを詰めて入れなくしてから木酢液をかけておきます。万が一、働きバチが生まれているといけないので、ストロー式のノズルが付いた殺虫剤を入れてからのほうがいいでしょう。

駆除しなくてもいい場所

学校や公共施設などの高い建物の場合は、3階以上の高さで窓を開けっ放しにしなければ襲われる心配はほとんどありません。心配なら「巣の下を歩くときはゆっくり歩くように」と周知する、攻撃力がなくなる10月までは巣の近くを立ち入り禁止にすることなどをすればよいでしょう。でも実際は、廃校でなければこのような寛大な処置は難しく、高所作業車を手配してでも駆除して欲しいと請われます。

住宅に営巣された場合は、2階屋根の頂上部の軒下（通気口を設ける位置）などの高い位置ならハチは下に飛ばずにそのまま高く飛んでいきますので比較的安全です。その下を通る時はゆっくり歩くようにします。

私の工房でも玄関の上（矢切）の通気口にチャイロスズメバチが営巣したことがありましたが、私やお客様を威嚇してくることは一度もありませんでした。しかし絶対はありませんので、様子を見て威嚇バチが下りてくるようなら駆除が必要です。

見つけた季節によっては駆除しなくてもいい場合があります。たとえば、9月中旬頃にメロンほどの大きさにもなれなかった巣なら、あきらかに発達不全群です。寄生虫にやられていたり、母バチが死んだりした群れかもしれません。

通常、キイロスズメバチならば9月中旬には最低でもビーチボール大になっていますし、大きいものはその倍ほどになることもあります。巣をそれほど大きくしないコガタスズメバチでも、バレーボール大になる頃です。

スズメバチの繁殖と攻撃力のピークは、山形の場合は9月のお彼岸頃です。そこからは日ごとに勢力は落ちてきます。獲物となる多くの虫たちも、そのあたりから姿を消していきます。ですから、そうした発達不全群がそれ以上大きくなることは考えられません。小さな巣のスズメバチが、わざわざ数m離れたところにいる人間を襲うことはめったにないでしょう。

10月半ばになってから駆除依頼があると、私はたいてい依頼の電話を受けた段階で断っています。攻撃する役目の働きバチも、どんどん寿命が尽きて、巣はほぼオスバチと来年の母バチだけですから、攻撃力はそうとう弱くなっています。

一番攻撃的だったはずの9月を、気づかないとはいえ一緒に暮らせていたのですから、10月に襲われることはほぼないでしょう。山形の場合は、遅くても11月初めには来年の母バチは巣を離れ、建物や樹皮にもぐりこみ越冬に入ります。依頼者にはこうしたことを説明して、無駄な駆除費用を使わなくて済むことを伝えると、たいていは納得してくださいます。

駆除に必須の道具

山形では6月中旬頃~7月初めになると、働きバチが生まれ始めます。まだ攻撃力は弱いですが、刺すハチがいることは確かです。ですから7月からの駆除は、慣れている私でも安全を確保しての駆除となります。ただし初めての方でも、7月までの巣ならそれほど大きくはありませんので、駆除できるでしょう。

それ以降の時期に見つかった大きな巣も、適切な準備や服装、そして少しの勇気があれば駆除できます。

ここでは私が実際に行っている、安全で確実な駆除方法を紹介します。まずは道具です。絶対に必要な道具と、あれば便利な道具について説明します。

服装

現在、10万円以上もする宇宙服のような防護服が販売されているのを見かけます。完全防備をして安心して駆除に挑むのは大切ですが、正直ここまでは必要ありません（日中にスズメバチを騒がせ、刺されながら駆除する方なら必要かもしれませんが）。

詳しくは後述しますが、「夜間に」「ハチを極力怒らせないで」駆除するのが基本です。そうすれば怒ったハチが何匹も刺してくるような事態はめったにありません。私の場合、40年駆除をしていて、そんな事態に至ったのは、隠れて特定できない巣を探しながら駆除する場合など、おそらく数回です。ですから、あのような厳重な防護服は必要ないのです。

私が着用しているのは、ホームセンターで購入した、インナー付きの厚手の雨合羽と長靴です。以前は綿の入った防寒着を着ていましたが、暑いので長時間着ていられないことと、表面が布地だったので、ハチがとまりやすい欠点がありました。厚手の雨合羽なら、万が一、怒ったスズメバチが刺しにきても、表面が固く、滑って止まりづらいので、刺しに

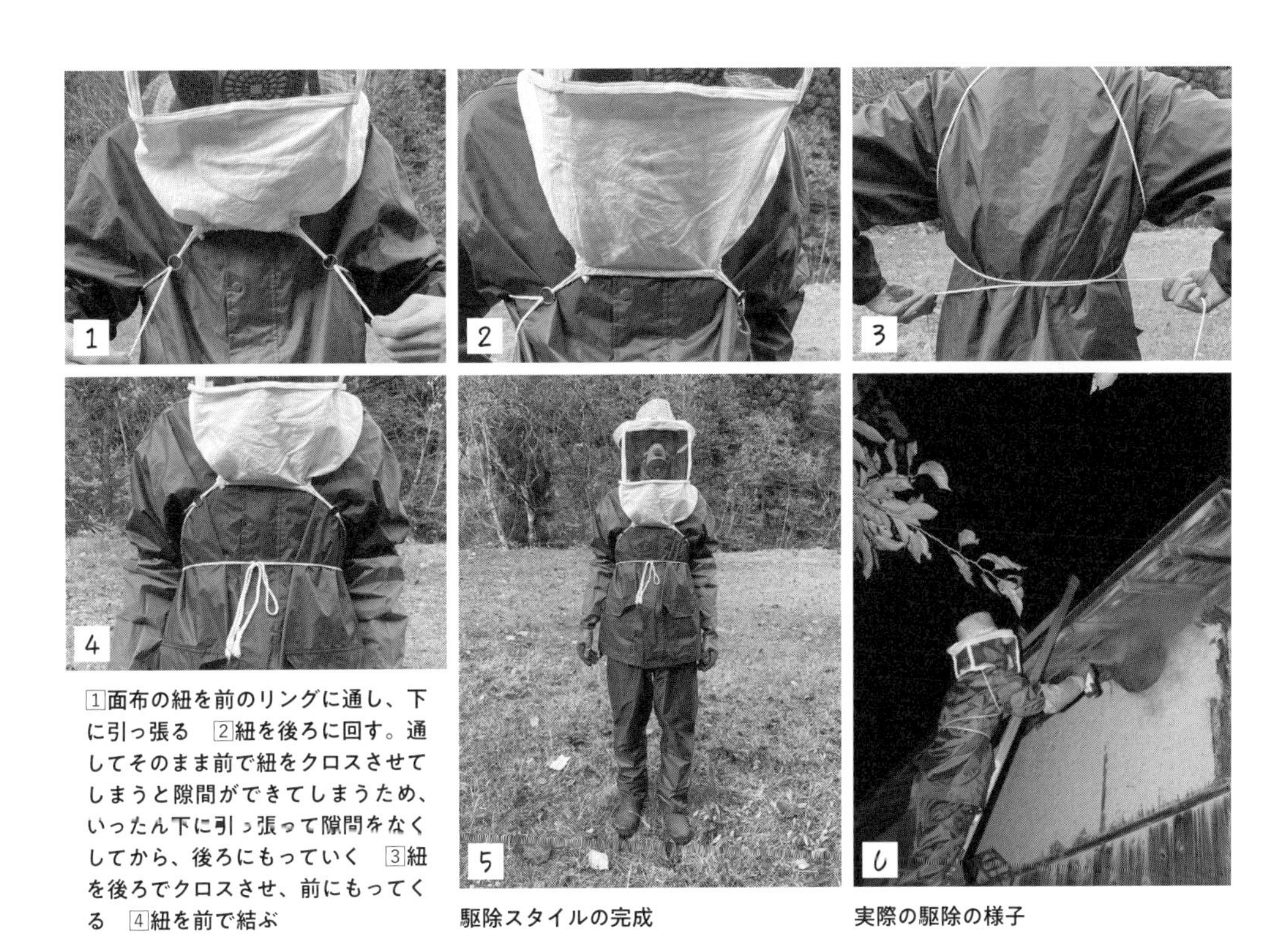

1面布の紐を前のリングに通し、下に引っ張る　2紐を後ろに回す。通してそのまま前で紐をクロスさせてしまうと隙間ができてしまうため、いったん下に引っ張って隙間をなくしてから、後ろにもっていく　3紐を後ろでクロスさせ、前にもってくる　4紐を前で結ぶ

5 駆除スタイルの完成

6 実際の駆除の様子

くいはずです。色は深緑色。駆除は夜にしますから、黒っぽくていいのです。ハチたちには認識できないからです。かえって白い服の方が目立ってしまうと思っています。それでも心配なら、雨合羽の内側に厚着しておくとよいでしょう。

手袋は、肘近くまでカバーの付いた、長く厚手のゴム手袋を使用しています。短いゴム手袋と腕カバーでは、隙間が空いたところから刺される恐れがあるからです。

防蜂ネット（面布）

養蜂業では「面布（めんぷ）」と言います。昔は布を顔に巻いて、目の所だけを開けてミツバチの作業をしていたのだそうです。

近頃はホームセンターで様々な防虫ネットが販売されていますが、やはりスズメバチ駆除に対してはいささか心配なものが多いです。選ぶ際の大切なポイントは、「どんな動きをしても顔にネットが当たらないもの」です。私も油断して、養蜂用の簡易な袋状のネットを被った時に刺されたことがあります。顔にネットが触れていて、そこに止まったハチにネット越しに刺されたのです。

私のおすすめは、養蜂問屋で販売されている「四方金網面布」です。頭部の前後左右を、フレーム付きの四角い金網で覆っているものです。ネットがたわんで顔に当たることはありません。養蜂問屋のネットショップから、2500円ほどで誰でも購入することができます。上下の部分がネットになっているものよりも布貼りの方がいいです。

私はしていませんが、その布にジーンズのような厚手の布をかぶせて縫えば、最強な防蜂ネットに作り変えることができます。なお、この面布には帽子が付いていないので、つばが広くない麦わら帽子を合わせてかぶってください。麦わら帽子は硬いので、針が貫通することはありません。もし心配なら、さらにサイズの大きな帽子を重ねてかぶれば安心です。

ただしこの防蜂ネットの装着は、マニュアルの通りにかぶらないと、隙間ができてしまいますので注意が必要です。ミツバチ観察会の時にも使っていますが、私の説明前に装着してしまう人がいて、たいていかぶり方を間違って不要な隙間ができています。正しいかぶり方は、背中のひもを前の金具に通したら、前でクロスさせず、いったん下に引っ張ってから背中に持っていってクロスして前で結びます。とても大切なことです。

懐中電灯

駆除は夜に行いますから、懐中電灯は大切な道具です。近頃はほとんどがLEDになり紫外線量が少なくなりましたが、それでも懐中電灯をそのまま照らすと、ハチが光に向かってきます。

ポイントは赤外線ライトを使うことです。赤い光は虫には見えづらいので安心です。昔、私の子供を連れて行ったある昆虫館で、夜行性のカブトムシの活動を見せるために赤いガラスにしていました。

ただし赤外線ライトをわざわざ購入しなくても自分で作れ

ます。赤いセロハンをレンズの内側に挟みこむだけです。赤いセロハンは、足元を確認しづらい場所の時は自動車のヘッドライトに貼って、広範囲に照らすこともあります。墓場の駆除の時に怖さを軽減するためにも使います。不足することがないよう、大判のサイズを購入して常備しています。

懐中電灯を、私は4つ使っています。一つは遠隔から照らすもの。通常の露出した巣ならこれ一つあれば充分です。可動式のスタンドが付いているものだと、置いたときに角度調整して的確に照らすことができて大変便利です。以前は自分で改造してカメラ用の三脚に載せていましたが、その後「可動式ビルトインスタンド付き」として販売されるようになりました。ただし光の中心を巣からさけて照らすようにします。赤外線とはいえ、直接照らすと異常を感じて騒ぎ始めるからです。

他に私が持っているのは、ハンディタイプの小さなライトです。ポケットに入れておき、軒天や壁など建物内部の営巣群を照らすのに使います。

もう一つは、キャンプ用のランタンタイプのライトです。これは準備する時に足元を照らします。

そしてもう一つは、通常のままのライトです。手が届きにくいところに巣があり、作業中にハチが散ってしまいそうな時に、あらかじめ巣からずらして点灯しておき、駆除作業をします。すると全部ではありませんが、光に寄ってきたハチに殺虫剤をかけられます。

なお両手が空いて一見便利そうに見えますが、ヘッドライトは使いません。スズメバチが顔（光源）に向かってくるのが怖いからです。

殺虫剤

殺虫剤は、ピレスロイド系のハエ・蚊用のジェット式のフマキラーダブルジェットを愛用しています。たとえオオスズメバチでも充分に死んでくれます。ジェット噴射できるので、向かってきたハチがいても吹き飛ばせます。

スズメバチ用の殺虫剤もありますが、発売当初に巨大な巣に使って危ない経験をしたことがありました。なんと、1分しか噴射できないものだったのです。高いはしごに登って、

まず巣の外壁に付いている数十匹の門番たちに噴射し終えて、巣穴にノズルを突っ込んだ瞬間に殺虫剤が終わってしまいました。これには驚きました。いつも使っているものは、5分位は噴射し続けることができるのです。

ここで突っ込んだ空のスプレー缶を外せば、怒ったハチたちが一斉に飛び出してきます。もうどうしようもありません。逃げるしかありません。意を決して手を外し、飛び降りるようにはしごを降りました。とたんにハチたちは大きな唸り声をあげながら私を探してあたりを飛び回りました。大失敗でした。

防毒マスク

使用する殺虫剤が、人体にも優しいピレスロイド系の薬剤とはいえ、体に毒なことはたしかです。若い頃に簡易なマスクだけで駆除して、殺虫剤を大量に吸ってしまい体調不良になったことがあります。それ以来、カートリッジ式の活性炭フィルターが装着された防毒マスクを使うようになりました。それでも、たくさん吸うと気持ち悪くなることがあるので、目に見えて殺虫剤が漂っているうちは息を止めてやっています。

脚立とはしご

脚立は、私の軽ワゴン車にも入る1・8mの高さのものを愛用しています。広げると3・6mになり、1階の屋根に登

ることもできます。それ以上高い所は、はしごを借りていました。

　というのは、私が住んでいるのは雪国なので、たいていのお宅には雪下ろし用のはしごがあるからです。

　その後、縮めると2・5m、伸ばすと4mの短いタイプの二連はしごを見つけ購入しました。助手席を倒せば私の軽ワゴン車内部に積み込めます。これは優れものでした。お寺や神社など軒が大きい建物は、脚立では低すぎて巣に手が届かず、かといってはしごを屋根にかけると軒が深いので奥に作られた巣に手が届かず、仕方なく竿先に殺虫剤を付ける高所遠隔噴射装置（102ページ）を作り、対処することが何度もあったのです。

　他にも、はしごをかける地面がでこぼこしていて安定しないことがあるので、はしごの脚に挟んで土台を安定させる用に、厚みの違う板を数枚、道具箱に入れています。

ロープ

　私がスズメバチ駆除で私の3大怖いものは、スズメバチそのものではなく、「殺虫剤」と「お化け」と「高所」です。特にはしごでの作業は片手しか使えませんし、無理な動きをすればバランスを崩してははしごが外れるおそれがあります。こうした不安があると、作業もおろそかになってしまいます。

　時間がかかってもなるべく、ロープではしごを固定することにしています。実は、若い頃に屋根で足を滑らせ、はしごごと落下した経験があるのです。幸いなことにかすり傷で済みましたが、それ以来、屋根の状態を確認することと、はしごをロープで固定することは、必ずするようになりました。

　土手に作られた巣を駆除する時は、ロープがあれば伝って安全に降りられますし、夜の散歩をしている人が近づかないように非常線としてその場に張ることもできます。

　基本的に必要な道具はこのような感じです。ここからは、いろんな場所に作られた巣に対応できるよう、あれば便利な道具を説明します。

駆除にあれば便利な道具

バールとのこぎり

軒天や壁など、建物内部に作られた巣を駆除する際に、巣を壊さなければならない時に使います。

スクレイパー

大きな巣は、強力に壁などに付着していますから、外すのに金属製のスクレイパーがあれば便利です。

また、残った巣の根元も強力に付いていて、新しい住宅では「なるべくきれいに取り除いて欲しい」と頼まれますので、あると便利です。

ビニール袋

巣を外す時に地面に落としてしまうと、巣の残骸が下に散らかってしまうので、大きなビニール袋で巣を覆って左手で持ち、右手のスクレイパーで巣の根元を切って、下に落とさないようにしています。

スコープ

望遠鏡です。私はポケットに入る小さな単眼鏡を使っています。高い場所に作られた巣や、葉っぱが邪魔な樹木の幹に作られた巣の場合は、スズメバチの種類の特定や、巣穴がどこにあるのかを肉眼では確認できない場合があるので、大変役に立ちます。

ゴーグル

昼間にハチを怒らせての駆除はしていないのと、はめると曇ってしまうので、めったに使いません。でも一応持っています。

というのは、スズメバチのことを教えていただいた、故松浦誠先生から、ぞっとする話を聞いたことがあるからです。スズメバチは針で攻撃するだけでなく、毒液をお尻から飛ばすのだそうです。松浦先生は、その毒が目に入って角膜を半分剥がした経験があるといいます。いつか、ハチを怒らせながらの危険な駆除をしなければならない時は使おうと思っています。ですが購入してから十数年使ったことがありません。

電動ドリルとストロー式ノズル

壁の中や屋根裏に作られた巣の場合は、屋内から電動ドリルで壁に小さな穴を開けます。

そこにストロータイプのノズルを付けた殺虫剤を差し込んで噴霧します。ノズルは、それ単独では売っていないので、以前に使った殺虫剤のものを捨てずに使っています。

新聞紙と小さなバール

建物内部に作られた巣を駆除した際に、建物を壊せず巣をそのまま置いておかなければならない場合は、駆除後に生まれてしまうハチが出てこないよう、出入りしていた隙間をふさぎます。濡らした新聞紙を小さなバールで押し込むようにして、硬く塞ぎます。

パイプ

巣は、建物の奥まっていて、どうしても手が届かない場所にもよく作られます。そんな時は、直径9㎜のアルミパイプを、ストロー式ノズルの付いた殺虫剤にさらに取り付けて使います。噴射力は弱くなりますが、巣まで確実に殺虫剤を送ることができます。

ほうきとちりとり

巣を壊しながら駆除する時は、どうしても巣の残骸で地面が散らかります。また、ハチは死んでもしばらく毒針は刺さります。小さなお子さんが翌朝ハチの死骸を万が一、手にとっても刺されないよう、犬や猫が踏んづけて刺されないよう、ほうきとちりとりで駆除の後の地面はなるべくきれいにしています。

高所遠隔噴射装置（1連式、2連式）

高い木の幹や、どうしてもはしごを掛けられない建物の場合は、高所作業車を手配します。でも「予算的に無理です」と言われてしまう場合があります。

その場合、手製の「高所遠隔噴射装置」を使っています。これは、長い竿先に殺虫剤を取り付け、紐を引っ張ると噴射される装置です。若い頃に父に教わった方法ですが、現在はさらに進化させて、二つの殺虫剤を装着させた2連式にして同時に噴射できるようにしています。

ポールを長く伸ばして持ち上げるのは、殺虫剤2缶の重さと竿の重さで何倍も重たくなり、操作は至難の技です。でも大きな巣の場合は、倍の量を噴射できるのでとても役立ちます。作り方を紹介します。

材料
- ポール
- 鉄製のペグ
- ビニール紐

スプレー

1連式と2連式があります。2連式はペグが入るように、ドリルでポールの反対側まで貫通させて、穴を開けます。ペグが2つとも同時にノズルを押せるよう、使用前に必ず確認します。

ポール

軽い物干し竿などが使えます。私は、屋根の雪切り用の伸縮できる5mのポールに、鯉のぼりのポールの先端部分を下部に取り付けられるようにして、8mの高さまで延ばせるようにしています。どちらもアルミ製なので軽くて使いやすいです。

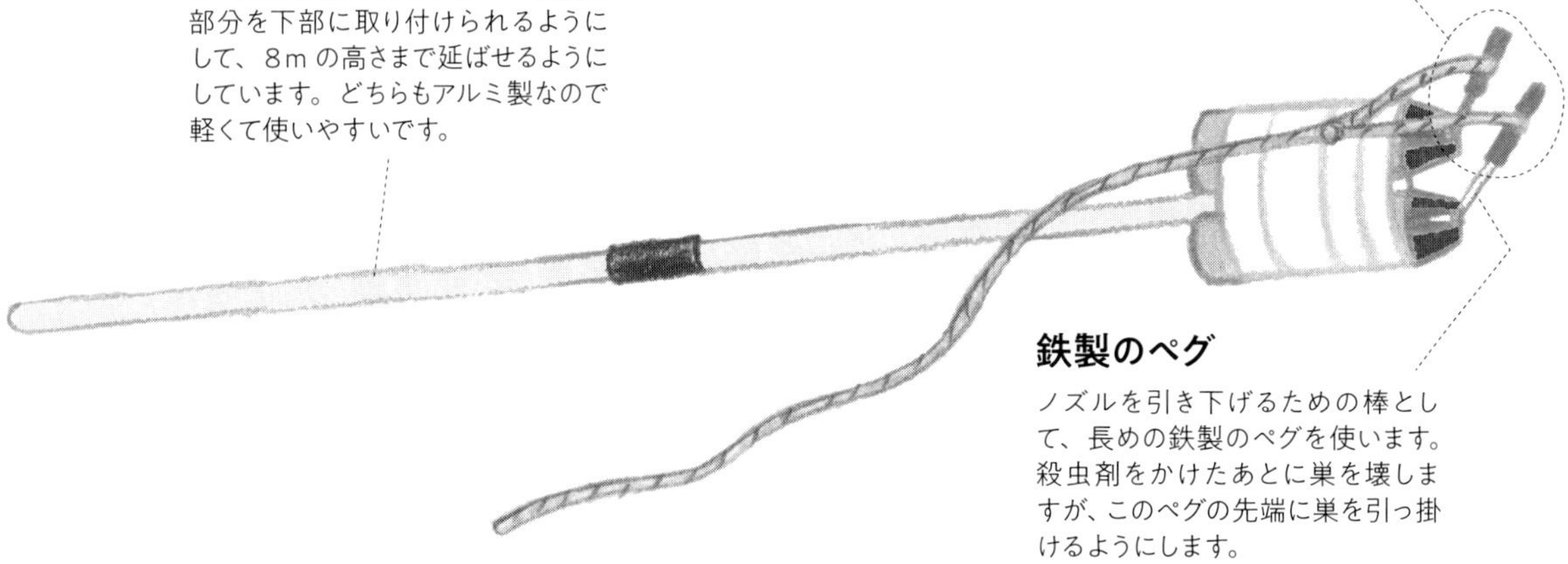

鉄製のペグ

ノズルを引き下げるための棒として、長めの鉄製のペグを使います。殺虫剤をかけたあとに巣を壊しますが、このペグの先端に巣を引っ掛けるようにします。

1連式の作り方

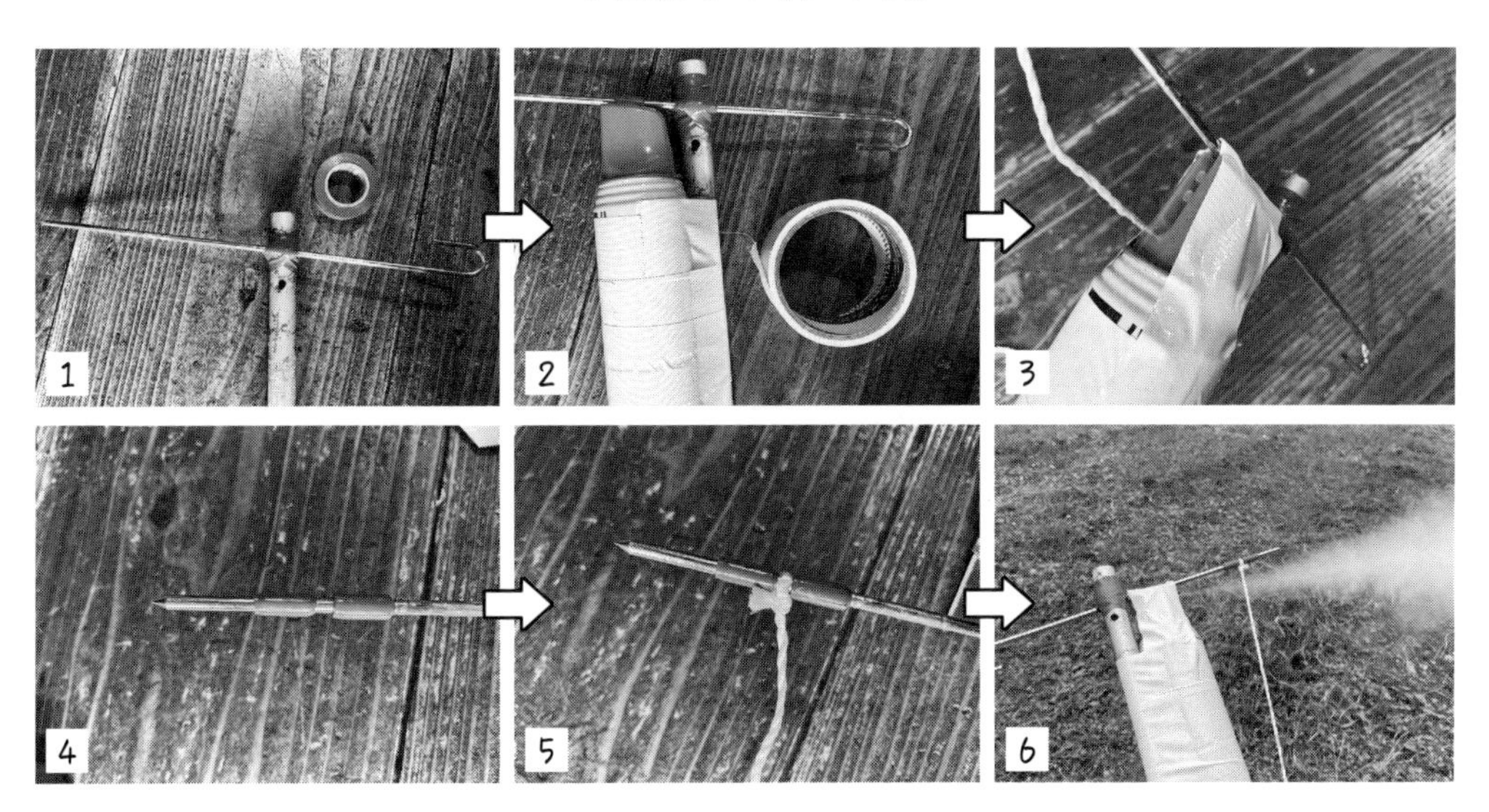

① ポールの先端に、ペグの曲がったほうの端をビニールの粘着テープでクロスさせて止めます。取り付けた部分を起点に、ペグの先が上下に2～3cm動くことを確認してください。

② ペグがノズルの上に当たるように、スプレー缶をポールにガムテープで固定します。この仕掛けで使う殺虫剤は、フマキラーダブルジェットがいいです。なぜなら缶の上部をカッターで切り取れば、ノズルが露出するからです。凹みにノズルがあるために、ペグがノズルから外れる心配もありません。

③ ペグが外れないように、上からもガムテープを2枚重ねて貼り、固定します。この際、ペグが細くノズルが押しづらいようでしたら、ガムテープを巻いて丁度いい太さにします。

④ ペグに結びつけた紐が前後に動かないよう結び目の前後にビニールテープを何度も巻いてストッパーをつけます。さらに、引っ張りやすい太めのビニール紐をテグス結びでつなぎ合わせ、ポールの長さに切ります。

⑤ ペグの中程に、引っ張るためのビニール紐（④で準備したもの）を取り付けます。紐が太いと噴射の邪魔になりますし硬く結びつけることが難しいので、30cmほどに切った強くて細いビニール紐をしっかり強く結びつけます。

⑥ 使用前に、うまく噴射されるか必ず確かめましょう。

駆除作業の流れ

①下見

駆除は事前下見→駆除→事後確認の流れになります。スズメバチではないこともよくあるので、駆除依頼の電話が入ると、まずは巣の場所、巣の形を聞いてみます。「巣が丸くなく巣穴が見える形の巣」ならアシナガバチなので夕方に行って確保します。「ドロのかたまりみたいな巣」ならドロバチなので、刺さないので放っておいて大丈夫と伝えています。この他にも駆除しなくてもいい安全なハチの場合もあります。

緊急の場合や本業が忙しい時は、下見をしないで依頼を受けた日の夜に駆除することもありますが、明るい所で確認しておかないと、予想していなかったような駆除困難な場所に巣が作られていたり、足元の障害物に気づけなかったりしますから、できるならば下見は必須です。

下見では、巣の場所と巣に一つだけある巣穴の位置を確かめ、どのような方法で駆除するかを決めます。しかし、いろいろ置いてある物置の中や、藪の中の地面に巣を作るオオスズメバチの場合は、巣を特定できていないので、昼の定点観察でおおよその場所を見つけ出しておきます。また、通常の巣でも、夜になると巣穴の位置が見えにくい場合がありますから、必ず確認しておきます。高くて見えにくい時はスコープを使います。建物内部に巣がある場合は、建物を一部壊して巣を取り出すか、取り出さないでそのままにするかを依頼者に確認します。

そして駆除料金の見積もりや予定日を伝えます。スズメバチといえども、母バチが1匹の初夏の小さなものは2000円です。軽装でたった3分で終わってしまうような駆除に高い額を請求するのは胸が痛みます。9月過ぎの巨大な巣でも1万円を超す請求はめったにしないので驚かれます。

②駆除

これまで行ってきた駆除の様子を写真で紹介します（次ページ）。

③事後確認

駆除後には、駆除した巣をビニール袋越しに見てもらい、スズメバチについて軽くレクチャーしてきます。翌朝に戻り

（左）納骨堂の中の群れを駆除したあとは、隙間にテープを貼って他のハチが入らないようにしてから、献花台を戻します／（中央）巣に殺虫剤を噴射しているところです。巣に殺虫剤を入れ終える目安は、ハチが苦しむ断末魔の音です。静かになったらやめます／（右）駆除業者が、駆除時に逃してしまったスズメバチが、また巣を作り始めたところです

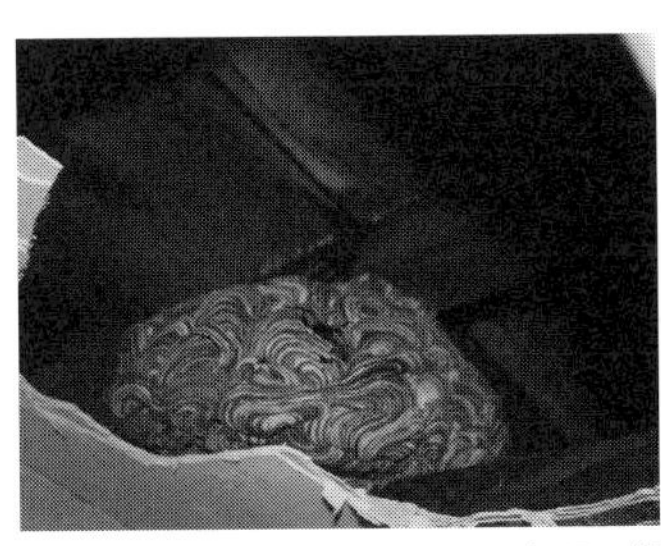

これまで駆除してきた巣です。軒天、樹の枝の間など様々なところに作ります

バチの有無を確認しに行き、残っていれば夜にもう一度、殺虫剤をかけに行きます。

駆除に向く時間帯

駆除は、滅多なことがない限り夜に限ります。昼に駆除をしてしまうと、ハチを怒らせやすく、下手をするとあたりはまさに〝ハチの巣をつついた〟状態になり、広範囲にわたり人が襲われる事態になってしまいます。実は私も若い頃、昼間に駆除をして一度に3カ所も刺された苦い経験があります。

さらに、殺虫剤がかからなかったハチがたくさん生き残ってしまうでしょうし、日中はまだ働きに出ているハチもたくさんいますから、駆除後に相当数の戻りバチが出てしまうことになります。数匹ならばいずれいなくなりますが、たくさん残っていれば巣を再生し、母バチがいなくても働きバチだけで産卵を始めてしまいます。交尾していない働きバチが産む卵はオスバチだけですから、大きな巣になることはありませんが、その年はしばらくまた、巣を守るために攻撃してくる群れになってしまうのです。

場所別・駆除方法の実際

巣を作られた場所によって駆除の方法も違います。ここでは、私がやっている場所ごとの方法を説明します。

軒下

1 赤いセロハンを貼った懐中電灯（地面に置くタイプ）で、巣を照らします。明るすぎるとハチが向かって来る場合があるので、光の中心を巣から少しずらします。

2 はしごや脚立を、なるべく振動させないように静かに設置します。高い位置の場合は必ずロープで固定します。ロープはなるべく、はしごの中段あたりから45度にかけるようにします。ロープを留めるものがない時は、自動車のタイヤなどに巻きつけています。
ハチたちは、はしごをかけるとすぐ異変に気づいて、巣の壁面にたくさん出てきて動き回ります。そうなったら無理せず、5分ほど静かに待ちましょう。すると安心して門番のハチ以外は巣の中に戻っていきます。

3 右手に殺虫剤を持ち、ポケットに予備の殺虫剤を入れて、静かにはしごを登ります。途中で振動に気づくと、またハチがドヤドヤ巣から出てきます。その際はまた少し待機します。静かになったら、巣に充分に手の届く距離まで登ります。

4 巣に近づいたら、ハチに気づかれないうちに駆除を始めます。まず、巣の表面にいる門番たちに一気に殺虫剤を噴射します。殺虫剤が体にかかってしまうと、襲う気持ちはなくなります。大きな巣の場合は、すかさず巣穴からハチがドヤドヤ出てきますので、時々巣穴にも噴射します。
幸いなことに巣穴は小さいものが、一つしかありませんので、1秒間で2匹位しか出てきませんから慌てなくて大丈夫です。表面の門番がいなくなったら、巣穴にノズルを突っ込んで噴射します。これで一安心です。もう外に出てくるハチはいません。

メロン位の小さな巣でしたら、30秒ほど噴射すれば中のハチは死にます。大きな巣の場合は、入り口付近で死んだハチが邪魔になって殺虫剤が内部に入らなくなるので、他の場所に指で穴を開けてそこから噴射します。巨大な巣だと5～6カ所から入れています。特に巣の付け根部分には殺虫剤が入り込みにくく、生き残っているハチがいますので、穴を開ける時に忘れてはいけないポイントになります。殺虫剤は1本では足りなくて2本使う場合もあります。

5 殺虫剤を入れると、羽根を震わせ牙をカチカチと鳴らす、ハチの苦しい断末魔の音がしだいに大きくなって聞こえてきます。「ごめんね」とつぶやきながら作業しますが、心が痛い場面です。音はしだいに静かになりますから、殺虫剤を入れるのを止めます。まもなく音がまったく聞こえなくなるので、死んでくれたことがわかり、静かに「ありがとう」と伝えます。

ポケットから大きなビニール袋を取り出して巣の下から被せます。小さな巣なら手で引っ張っただけで取れますが、大きな巣は強力に付着していますからスクレイパーを使って、巣柄を外します。大きな巣は重たく、落ちた瞬間に体が持って行かれる場合があるので気を付けてください。これで駆除は終わりです。

まれに「巣を飾りたいので欲しい」と頼まれた場合は、中の幼虫が腐ってしまうので、巣板が引っかからない所から切り取り、外壁だけ外して差し上げています。また、殺虫剤を噴射する際は、巣穴を壊さないよう、ある程度噴射したらティッシュペーパーで塞ぎ、正面から見えない所に穴をあけて殺虫剤を入れるようにしています。

6 翌朝、戻りバチや朝帰りバチの有無を確認します。昼間ではなく夜に駆除がしてあり、高所噴射装置を使わなくてすむ位置にある巣であれば、よほど大きな巣でない限り、駆除時に逃げ出した戻りバチは出ません。しかし、日中働きに出かけていたハチが、夕方に急に気温が低下したり暗くなって飛べなくなった場合は、外で夜を明かし、朝帰りしてくる場合があります。そうした朝帰りバチは巣がないために迷っているだけで、襲ってはこないので心配ありません。ただし何匹もいる場合は夜になると巣のあった場所にほとんどのハチが固まってとまるので、もう一度殺虫剤をかけます。

壁の中

1 下見の段階で部屋に入らせていただき、どの場所に巣があるかを特定します。壁を叩くとハチが騒ぐ音が聞こえますから、一番大きな音がする場所に巣があることがわかります。

2 ←

暗くなったら、ハチが出入りしている隙間から、殺虫剤を1本噴射します。出入り口のすぐ近くに巣があるなら、これで駆除できることもあります。しかし、壁の中の入り組んだところに巣があると、殺虫剤の無駄になってしまうので、次の手を考えます。

3 ←

入り口の隙間に、新聞紙を詰めて塞ぎます。

4 ←

家主の許可をいただき、屋内から壁にドリルで小さな穴を開け、そこからストロー式の殺虫剤を噴射します。ただし、砂壁はもろいので、大きく目立つ穴が開いてしまうため、気をつける必要があります。騒ぐ音が静かになれば完了です。建物の外壁が板なら、同じように外側から穴を開けて殺虫剤を入れられます。

5 ←

問題はここからです。中の巣を取り出すか、そのままにするか。外壁が板壁だったり内壁が合板だったりすれば、バールで釘を抜いて外し、巣を取り出せます。しかし、モルタルの壁だと外せないので、その場合は毎日、もしくは3日に1度でもいいので、2週間ほど殺虫剤を入れ続ける必要があります。理由は、繭で保護された蛹には殺虫剤が効かない場合があるためです。そのため毎日孵(かえ)ってハチになり、別の隙間から出入りして営巣活動を再開させることがあります。

←

ただしこの作業は、ストロー式の殺虫剤で安全に屋内からできるので、依頼主に託しています。巣の中にいる幼虫が死んで腐りますが、暑い季節なのでまもなく日中の暑さで乾燥するため、臭いがしたり、建物を朽ちさせる心配はありません。

軒天の中

1 ←

軒天の中に営巣するのは、たいていはキツツキが開けた穴があったとか、古くなって石膏ボードが朽ちたからといった理由で、ゆがんで隙間ができている場合が多いです。いずれ直さないとまた入られますので、家主に石膏ボードなどを壊す許可をもらいます。

2 ←

とりあえず殺虫剤を、ハチが出入りしている隙間から噴射してみます。攻撃してくるハチが出てこなくなったら、バールで少しずつ石膏ボードを壊しながら殺虫剤を噴射します。携帯している小さな懐中電灯で照らして巣を見つけたら、巣の外壁を壊しながら殺虫剤をかけます。

縁の下

縁の下は通気口に格子がついてなければ、駆除は簡単です。たいていは通気口の直ぐ近くに営巣しているので、手を突っ込んで殺虫剤をかけます。格子がついている時は、90度曲げたアルミパイプを使います。アルミパイプをそのまま曲げると折れてしまうので、パイプにアルミ棒を入れて曲げたものを作っています。ストローの付いたスプレー式殺虫剤を差し込んで噴射します。

樹木

山にある大きな木の幹にはキイロスズメバチが巣を作る場合がありますが、庭木のような細い木には滅多に作りません。たいていは、温厚なコガタスズメバチが多いです。

しかし温厚なコガタスズメバチといえども、巣が枝の内部に作られていると、駆除する際に長い殺虫剤の缶がぶつかってしまい、ハチが飛び出してくる場合があります。あまりに複雑な場所に作られた場合は、最初の晩に障害となる枝を切ってから、翌日の晩に駆除するようにしています。

また明るいうちに下見をしてあっても、暗くなると探せなくなることが何度もあったので、巣の目印になるものを危なくない範囲に付けておくようにしています。

高所

若い頃は、少々高くても無理して登っていましたが、今は無理せず高所作業車を手配してもらっています。というのも、高い建物とはたいてい学校などの公的施設や企業の建物だからです。何度も助っ人として頼んでいる電気工事業者の友人も、スズメバチ専門のオペレーターとして経験を積んでくれて、今ではいつも絶妙な操作で私を巣の近くまで運んでくれます。

ただし一般のお宅で、高所作業車が手配できる場合は稀です。そこで102ページで紹介した高所遠隔噴射装置を使用します。3階の軒下くらいまではポールを伸ばせます。巣穴にピンポイントで殺虫剤を入れられないので、少し戻りバチが出るのですが、殺虫剤を2缶使う2連式にしてから、戻りバチの数が少なくて済んでいます。

使い方は、巣の近くにスプレー缶を近づけて、殺虫剤を噴射しながら、巣を少しずつ壊していきます。ただ、8月以前の小ぶりの巣はもろく、十分に殺虫剤をかける前に巣を落としてしまうことがあります。すると戻りバチが多く出てしまいますので注意して行っています。殺虫剤がかかって苦しんでいるハチが頭から降ってくるので、心配なら帽子も雨合羽も重ねて着るといいでしょう。

電気ボックスに営巣してしまったキイロスズメバチ

種類別・駆除方法の実際

山形では駆除依頼のあるスズメバチのほとんどが、キイロスズメバチとコガタスズメバチです。割合で示すと、キイロスズメバチ60%、コガタスズメバチ30%、オオスズメバチ5%、チャイロスズメバチ3%、モンスズメバチ2%位だと思います。クロスズメバチは40年やっていてたった2度、ホオナガスズメバチやヒメスズメバチはまだ1度もありません。

スズメバチの種類によって、習性や巣の構造が違いますので、覚えておくと駆除の際に役立ちます。

キイロスズメバチ

攻撃力は強く、俊敏さにも長けています。日本人が最も刺されているスズメバチです。アナフィラキシーショックで亡くなられる方もこのハチが一番多いそうです。このあたりでは、なぜか「亀蜂」と呼びます。

このハチは、実にいろいろな場所に営巣します。とはいえ、警戒心も強いのだと思います。はじめは石垣や樹木の洞などの狭い場所に隠れるように営巣し、攻撃役の働きバチが数十匹に増えると巣を壊して運び、軒下などに引っ越してきます。これを「2次営巣」と呼びます。

時々、駆除依頼をこの2次営巣の最中に受けることがあります。初めての時は、せっかく駆除したのに翌日また巣を作られ、また駆除したのにまた作られる事態となり、驚いたことがありました。1次営巣で建物内部などに営巣されてしまうと、空間があればそのままそこで巣を大きくするので、駆除が困難になってしまうのは悩みどころです。

コガタスズメバチ

体格はキイロスズメバチより大きいのに〝コガタ（小型）〟というのは、体の模様がオオスズメバチに似ているため、〝オオスズメバチの小型版〟という意味だと解釈しています。このあたりでは「ヒトツ亀」と呼んでいますが、なぜそんなふうに呼ぶのかは不明です。

軒下の他に、庭木や生垣などに隠れるように営巣します。巣材には和紙と似た繊維質の部材も使い、雨に強い作りなのだそうです。

コガタスズメバチ

母バチ1匹で子育てをしている時は、侵入を防ぐために徳利を逆さにしたような細長い入り口を作り、働きバチが生まれると巣の入り口を壊して丸い巣になります。

丸い巣になっても、巣穴付近がやや尖っていることと、巣の外壁に巣作りするハチはいても門番のハチがいないので、キイロスズメバチとの区別がつきます。よく見ると巣穴の中からじっと外を監視しているハチが1〜2匹見えます。

私が駆除してきたスズメバチの中では、最も温厚なので駆除は至って簡単です。それだけに心が痛みます。ただし庭木や生垣の営巣群は、枝を揺らすとすぐに大きな羽音を立ててハチが飛び出してくるので、注意が必要です。

オオスズメバチ

世界最大のスズメバチです。春先に母バチがこちらに向か

オオスズメバチ

って飛んでくると、100円ライター位の大きさに感じます。獲物を探すために、ゆっくり悠々と飛んでいる姿は正直「かっこいいな」と思います。体験教室では自慢げに母バチの標本を子供達に見せたりもします。このあたりでは「熊蜂」と呼びます。戦後に満州から引き揚げて来た人たちは「馬蜂」と呼んでいたと聞いたことがあります。

地面を掘って巣を作りますが、おもに枯れた木の根元や土手が多いです。薮の中に作られると、巣の特定が難しいです。

駆除を依頼されたら明るいうちに定点観察をして、ある程度の巣の位置を確認しておきます。そして夜に赤色の懐中電灯で照らしながら静かに草を分け、巣穴を探します。その時、探す目印となるものがあります。ハチたちが巣を作るときに掘り出して盛り上がった、細かな土です。

駆除は巣穴から殺虫剤を入れて、騒ぐ音がおさまったら、少しずつ移植ベラで穴を広げ、巣が見えたら外壁を破りながら殺虫剤をかけます。

チャイロスズメバチ

背中が茶色でお尻が黒いので、下見に行くと黒いハチに見えます。母バチは単独でキイロスズメバチの営巣群に侵入し、キイロスズメバチの母バチを殺して自分が母バチに君臨します。このハチは、三重大学生物資源学部の故松浦誠教授の研究の手伝いとして、私が山形で母バチをトラップで捕獲し、せっせと送ることを2年ほど続けていたハチです。

松浦先生は、チャイロスズメバチが実際に、キイロスズメバチの巣を乗っ取るかどうかを実験されていたのです。その後、私も同じ巣穴から黄色と黒のスズメバチが混じって出入りしている営巣群を見た時に、この習性が本当だったとわかり感激しました。

ちなみに、松浦先生が刺されてもっとも痛かったのはこのチャイロスズメバチと話されていました（この話を聞く以前に出版された著書には、オオスズメバチと書かれていました）。

キイロスズメバチと戦うために、スズメバチの中ではもっ

上／チャイロスズメバチ
下／軒天に営巣したチャイロスズメバチ

とも硬い鎧を着ていて、ハチ毒も強いと聞いた記憶がありますす。残念ながら私は未経験です。いろいろなハチに刺されてみたいのですが、さすがに捕まえてわざと刺してもらうのは怖くてできません。いつか不意に刺してくれることを、密かに期待しています。

チャイロスズメバチは、駆除が最も困難です。というのも異常事態に気づくと、暗闇の中で威嚇音を出しながら飛び回るのです。いくら防護服を着ていても、見えないスズメバチには恐怖を感じますし、飛び出したハチが巣に戻るかどうかは不明です。戻りバチが多数出てしまう恐れもあります。はしごの設置はとにかく静かに行い、登るのも1段1段、静かに登らなければなりません。

駆除が困難な理由はもう一つあります。巣の外壁の底部を塞がず、大きく開放してあるのです。そして異常事態になると、ハチたちは一斉にそこから外へ飛び出してしまいます。ですから駆除の際は、巣にギリギリまで近づいて一気に、巣の解放部に向かって殺虫剤を噴射します。なかなかの緊張感があります。

木の洞に営巣するモンスズメバチ

モンスズメバチの巣

モンスズメバチ

一見するとキイロスズメバチに見えますが、飛んでいる姿を見ると、腰の模様がわずかに黒みがかって見えます。その部分に左右対象な小さな黒丸の紋があるのです。

このハチもチャイロスズメバチ同様、下部をふさがない巣を作り、やはり夜に飛び回るので駆除は困難です。模様は違いますし、巣の乗っ取りもしないのですが、実はとても近い種なのだろうと推測しています。このあたりでは「黒亀」と呼んでいたようです。

アシナガバチを襲うヒメスズメバチ

ヒメスズメバチ

名前に「姫」と付くだけあって、一番美しいスズメバチです。腰にきれいな赤オレンジ色の模様があります。私の仲間のハチオタクにも人気で、私自身も大好きなハチです。アシナガバチの巣を専門に狩ります。どんな巣を作っているのか見てみたいのですが、残念ながら一度も駆除経験はありません。おそらく、人の生活圏では営巣しないのでしょう。性格も温厚なようです。このあたりで「赤亀」と呼んでいたのはこのハチだと思います。

クロスズメバチ

信州で「蜂の子」を食用にしているのは有名です。このクロスズメバチと、後述するホオナガスズメバチはミツバチ並みに小さいので、スズメバチとは知らない人が多いです。

私は野原を歩いていて巣があることに気づかずに足首を刺されたことがありましたが、ほかのスズメバチほど毒性は強くありませんでした。その後、使っていない花壇の営巣群を駆除したことがありましたが、少しずつ掘り進めてバレーボール大のまん丸な巣が土の中から現れた時は感激しました。

怒っているわけではないのに、体の周りをブンブンと飛び回ることがあり、子供の頃「耳を塞いでおけ」と言われました。穴を見つけると、たとえ耳の穴だろうと入ってきてしまうのだそうです。

このあたりでは「穴子蜂（アナコバチ）」と呼びます。これと似た名前のハチに、果樹の花粉交配に活躍する「マメコバチ」が知られていますが、これはスズメバチではありません。葦や竹などの管の穴を探して産卵します。もしかしたら、このハチと混同して名づけたのかもしれません。

ホオナガスズメバチ

クロスズメバチと同じくらいの大きさのスズメバチです。

一度だけキオビホオナガスズメバチが木の枝に営巣したのを

見つけたことがありました。観察していたら、あまりにも可愛らしくて大好きになりました。気づかないふりしてそのままにしていましたが、道ぞいだったので、結局誰かに駆除されてしまい悲しい思いをしました。

スズメバチトラップのこと

役割

「スズメバチトラップ」とは、ペットボトルなどにスズメバチの大好きな乳酸発酵した〝発酵水〟を入れ、その香りでハチを誘い入れ、溺れさせて殺す仕組みです。スズメバチは発酵したものが大好物なのです。

昆虫マニアが喜ぶ「昆虫酒場（樹液が滲み出て様々な虫が集まる場所）」は、大半はオオスズメバチが、巣材と樹液欲しさに強靭なアゴで樹の幹を傷つけることで、できた場所なのだそうです。滲み出てきた樹液は、一晩で乳酸発酵します。これが成虫のスズメバチたちのごちそうになるのです。

トラップを仕掛ける時期は春です。越冬から目覚め、家族を作り始める母バチが、まだ群れを持たず1匹で巣材を集め、巣を作り、産卵し、虫を狩って幼虫を育てる季節です。働きバチが生まれると、母バチは外には出ず産卵に専念するようになりますから、春以外の時期に仕掛けても、母バチを捕らえることはできずトラップの意味がなくなってしまいます。

実を言うと手伝いをしている実家の養蜂場（さくら養蜂園、代表・安藤忍）でも、トラップの発酵水は長年、私が蜜ろうの湯洗い精製時に出る甘い廃液を発酵させて作っています。大自然の奥山にある養蜂場周辺だけなら問題はさほどないと思ってはいますが、正直なところ、駆除と同様に胸が痛い複雑な心境です。

懸念されること

胸が痛い理由はいくつかあります。まず養蜂家がトラップを使っていると、ミツバチを襲わない種類のスズメバチの母バチまで、殺してしまうことです。ミツバチを襲って害を与えるスズメバチは、キイロスズメバチとオオスズメバチだけです（厳密に言えばコガタスズメバチやモンスズメバチ、チャイロスズメバチもたまには見かけますが、前者に比べれば比較にならないほどごくわずかです）。

アシナガバチを主に襲うヒメスズメバチや、小さなクロスズメバチ、ホオナガスズメバチなどは、ミツバチを襲ってはきません。それなのに、これらのスズメバチがトラップに入っていると、私はどんなハチも大好きなので、かわいそうな感情が湧いてしまいます。

また、スズメバチであれば何でも捕獲する方法は、生態系を攪乱してしまう可能性も懸念しています。たとえばチャイロスズメバチの母バチは、単独でキイロスズメバチの巣に侵入して母バチを殺し、自分がその群れの母に君臨する習性があります。つまり、チャイロスズメバチを捕獲しない方が、キイロスズメバチの繁殖を減らすことにつながるのです。

オオスズメバチも同じことが言えます。オオスズメバチは、ミツバチだけでなく他のスズメバチの群れも襲います。特に10月はいろいろな虫が寿命を終えるので、獲物が少ないため、多少のリスクを負ってでも一攫千金を図るようです。

10月は翌年繁殖する女王バチが生まれる季節ですから、結果的にオオスズメバチが働くことで、翌年のスズメバチの繁殖が抑えられることになるのです。

ですから、たとえば山の近くの住宅地などで無下にオオスズメバチを捕獲してしまうと、キイロスズメバチが繁殖してしまうことに繋がります。私たち養蜂家は、トラップの効果があると思って使っていますが、実際はキイロスズメバチを増やす結果になっているのかもしれません。

またスズメバチはアシナガバチ同様、畑の害虫を捕獲する働きもあります。コガネムシやバッタのような大型の甲虫や毛虫も狩りますし、特にオオスズメバチが飛んでいるだけで、畑の虫が減るとも言われています。「人間が駆除すること」だけがスズメバチ被害の解決法だとは、私には到底思えないのです。

スズメバチを畑に移住させるには？

スズメバチもアシナガバチと同様、実は畑の害虫を狩ってくれる益虫です。ですが畑への移住は、その生態を考えると正直なところとても困難です。

たとえば、私の住むあたりで多く生息するキイロスズメバチは、第1次営巣を石垣の隙間など人目のつかない閉所で行い、働きバチが増えると広い場所に引っ越す習性があります。第1次営巣中の母バチが1匹で子育てをしている、初期の群れを探すのはとても困難です。

さらに群れが大きくなって第2次営巣で軒天などに作られた巣は、巣柄を壁などにベタっと強力に貼り付けてあるので、きれいに外す前に働きバチが気づいて大騒ぎし、攻撃してくるでしょう。想像しただけで巣の移設作業をしたいとは思いません。

ただ、コガタスズメバチであれば、枝先に巣を作りますから枝ごと切って巣箱に移設することはできます。これまで4度、移住できるかトライしてみました。母バチが留守の問に、巣を枝ごと切り取り結束バンドで大きな巣箱に移設してみたのです。しかし、1度目はうまく巣に戻ってくれましたが翌朝カラスにやられてしまいました。2度目は移設した巣に母バチが寄り付かず戻ってこなくなりました。3度目は巣に戻ってくれましたがその翌日、母バチが戻ってきませんでした。そして4度目は、なかなか巣に入らなかったので、巣箱の巣門をふさぎ一晩出られないようにしておきました。朝までに巣に戻ってくれることを期待しましたが、一晩中逃げようと騒いでいたのでしょう。残念なことに翌朝、母バチは死んでいました。アシナガバチと違ってスズメバチは、そうとう神経質なハチのようです。この方法では難しいとあきらめました。

豊中市の素晴らしい事例

尊敬する三重大学生物資源学部の故松浦誠先生は、どのようにして研究室にスズメバチを移住させていたのだろうかと思い立ち、25年前に購入した松浦先生の著書『スズメバチはなぜ刺すか』(北海道大学出版会)を久しぶりに開いてみました。すると、大阪府豊中市の事例が紹介されていました。

豊中市ではハチ駆除に市役所の職員があたっており、ハチは殺さずに巣ごと鳥籠に確保し、それを市が所有する山林に移住させていたのだそうです。駆除依頼のほとんどは、木の

私が試しに豊中市の方式で捕獲を試みた時のものです。結果、枝を切っている時に巣が破れて、ハチに飛び出されて失敗しました

枝に営巣するコガタスズメバチだったとのこと。たしかに、コガタスズメバチは軒先よりも樹木に営巣する場合が多いのです。それならば巣の周囲の枝を切れば、巣を壊さずに移動できます。市では「スズメバチは不快昆虫ではあるが、害虫を退治して人間に貢献してくれてもいる」という認識のもと、こうした措置をとっていたとのこと。実に素晴らしい取り組みです。

現在もこの駆除方法が行われているのか気になり、直接、豊中市に問い合わせてみました。すると、市の維持修繕課鳥獣昆虫対策係の甫立徳人さんが対応してくださいました。甫立さんは当時、この取り組みを実際に見ていたそうです。大変注目される取り組みでしたが、残念ながらその後、テレビで紹介された時に、移住先の山林近くの市民からクレームがあり断念したとのこと。

駆除は安全な防護服を着て、巣穴に紙を詰め込み、ハチが出られない状態にしてから鳥籠に収め、さらにビニール袋に入れて山林まで運び、木に鳥籠をいくつもぶら下げていたといいます。その鳥籠の数は何十個にも及んだとのこと。なかには30cmを超える大きな巣もあったそうです。しかもその鳥籠の中でうまく営巣活動ができていたとのこと。

40万人が住む都市部で、このような取り組みが行われていたことに驚くとともに、その崇高な考え方と素晴らしいアイデアに改めて敬服しました。

たしかにこの方法ならば、畑に移住させられる可能性ができます。松浦先生の本では、コガタスズメバチは、イエバエ、キンバエ、コウカアブなどの衛生害虫や、マメコガネ、カメムシ、アメリカシロヒトリの毛虫、各種の蛾の幼虫など、緑を食い荒らす害虫も好んで狩りをする、と書かれています。アシナガバチが狩らない害虫や、9月以降にアシナガバチがいなくなってからの害虫対策にもなりえそうです。

私なら熟練すればこの方法で畑に移住させられると思います。ただ、一般の農家の人に普及させることを考えると、まだまだかなりハードルが高いです。

5章

ミツバチ

ミツバチの生態

悲劇の益虫

ミツバチは言わずと知れた益虫です。ハチ全般は嫌いだけれど、ミツバチは好きという方も多いです。

ミツバチがもたらしてくれるハチミツ、ロイヤルゼリー、プロポリス、そして花粉は、私たち人間の健康を支える補助食品として重要な役割を担っています。珍味である「蜂の子」を生産する方もいます。またミツバチの巣から精製される「蜜ろう」は、私の本業である蜜ろうキャンドルの材料としてだけでなく、軟膏や化粧品、お菓子、ワックス、絶縁材料、接着剤、染色用の素材など多様な用途で使われています。

爆弾やミサイルなどの火薬の防湿剤としても使用され、時折見つかる第二次世界大戦時の不発弾の処理に手間がかかるのは、80年近くも実直に、蜜ろうが火薬を湿気から守っているからなのです。

さらにミツバチは、農作物の大切なポリネーター（花粉媒介昆虫）でもあります。実家で弟が経営する養蜂場で飼育されるミツバチたちも、春になるとサクランボやりんご、ラ・フランス、ソバなどの畑で活躍します。ほかにもイチゴやウメ、モモ、ナシ、スモモ、スイカ、メロン、ナス、カボチャ、インゲンなど、多くの農作物の実りに役立っています。

現在、田んぼや果樹園、そして家庭菜園で使われる農薬の多くがネオニコチノイド系のものに代わってから、野生のニホンミツバチやマルハナバチ、マメコバチなどのハナバチ類は、確実に生息数を減らしてしまいました。このあたりでは、ほとんどの家で家庭菜園をしていますが「うちの畑にミツバチが来なくなってから、成りが悪くなったよ」とよく声をかけられます。そのたびに私は「畑に農薬を撒くから、ハチがいなくなるんだよ」と答えています。「ミツバチがいなくなると食糧難になる」と言われることがありますが、家庭菜園をしている方たちは、これを事実として肌で感じているのではないでしょうか。

私の集落では3カ所でニホンミツバチの営巣群を見つけていましたが、7〜8年前から1群もいなくなってしまいました。また私の町でセイヨウミツバチを飼育していた養蜂家が20年前には10人以上いたのですが、現在は、弟を含む専業養蜂家2人と、人里で趣味で飼育している方が1人だけになってしまいました。田畑のある人里での養蜂は、農薬の被害から逃れられずに家族を減らしたり、免疫力を落としてダニや病気にやられてしまうのです。

りんごの花の授粉をするセイヨウミツバチ

専業養蜂家が飼うミツバチは、果樹園での花粉交配の仕事を経てから奥山の安全な場所に巣箱を移動させ、自然の花からハチミツを収穫します。以前と違い、夏に蜜源はあるのに群れの勢いが悪くなってしまうのは、果樹の蜜や花粉で育った次世代の幼虫たちや女王バチもまた、農薬の影響を受けているからだと私は思っています。このような背景もあり、ビフィズス菌やビタミン剤などミツバチ用の栄養サプリメントが開発され、免疫力の落ちたミツバチたちに食べさせることが当たり前の時代になっています。
ミツバチに限らず、人知れず人間のために活躍してくれていた多くのハチたちに対して、人間が恩を仇で返すようなことをしている事実に胸が痛みます。

「巣別れ」で人家などに巣を作るミツバチ

ミツバチの生態については多くの本で紹介されていますから、ここで詳しくはふれません。本書では2章「活動と攻撃の最盛期がある（22ページ）」で、活動時期について解説しています。本章では、駆除に関わることを中心に書きます。

ミツバチはハチの中で唯一、一年中家族と群れをなして生活しているハチです（アリの社会と同じで「社会性昆虫」と呼ばれます）。ですから住宅の屋根裏や縁の下、庭木の洞、お墓の納骨堂などにミツバチが一度巣を作ると、スズメバチやアシナガバチと違って一年中居座り続けることになってしまうのです。

花が少なく気温も低い冬は食いぶちを減らすためか、群れにいるハチの数を減らすのですが、それでもセイヨウミツバチであれば1群で1万匹以上を常にキープしています。特に屋根裏に巣を作られると厄介です。「夏の暑さで巣が柔らかくなって落ち、天井からハチミツが滴り落ちてきた」という話はよく聞きます。

どのタイミングでミツバチが住宅に入り込むかといえば、それが初夏の「巣別れ」の時期です。ミツバチは、気温が高くなり春の開花が始まると、盛んに産卵して家族を増やします。雪の下で冬越しした群れも、花がない時期から雪の下で暖かさを感じて産卵を始めています。徐々に家族が増えて巣箱に余裕がなくなってくると、新女王のための巣穴（王台）が作られ、そこで孵化した幼虫に、働きバチはロイヤルゼリーを与えて新女王の育成を図ります。

この新女王が生まれる、あるいは生まれそうになると、古い女王バチは巣を明け渡し、群れの半分のハチを連れて「巣別れ（分蜂）」をするのです。

群れの半数といえどもセイヨウミツバチなら1万匹以上、ニホンミツバチでも数千匹はいますから、そのハチたちが巣から飛び出して付近を乱舞すると、初めて見た人はとても驚いてしまうことでしょう。そしてまもなく、近くの樹木の太い枝に蜂房（ほうぼう）となって固まり、ぶら下がります。やがて新しい新居が見つかると、また飛び立って移住先に向かうのですが、今は田舎といえども、本来の棲み家となる太い洞のある樹木はめったにないので、代わりに人家やお墓などが格好のすみかとなってしまうのです。

巣別れしたハチが巣の付近で乱舞するところ

付き合い方──飼う

セイヨウミツバチとニホンミツバチの習性の違い

その場にとどまりたいか、いつでも引っ越したいか

ミツバチには、明治時代に導入されて養蜂業で飼われている「セイヨウミツバチ」と、古くから日本にすみ着いてきた在来の「ニホンミツバチ」がいます。これらは同じミツバチですが、まったく違う習性を持っています。ミツバチと付き合っていくのに、この習性の違いを知っていると役に立つでしょう。「違い」を一言で表すとこうなります。

・セイヨウミツバチは、どんなことがあってもなるべく同じ場所にすみ続けたいハチ
・ニホンミツバチは、なにかあったら場所を変えて引っ越したいハチ

なにしろセイヨウミツバチはもともと、地中海沿岸の温暖でスズメバチもいない平和な場所で暮らしてきたハチです。ゆえに屋外で巣を露出させたまま群が大きくなっても、営巣ができたのでしょう。巣別れ群が新居を見つけられず、雨の当たる枝先にそのまま巣を作ることもたびたびあります。明治時代に日本に導入されてから180年くらいしか経っていませんから、まだまだ土地に慣れず、ハチにとって不利な行動をとってしまうこともあるようです。

それに対し在来のニホンミツバチは、寒暖の差が激しく、雨や湿気があり、雪も積もり、天敵のスズメバチもいる日本で、何万年も生きのびてきたハチです。巣の衛生環境が悪くなったり、スズメバチが襲ってきたりして状況が悪くなると、新天地に引っ越すことを選んで進化してきたのです。自然営巣群を観察していると、たいていは3～4年もすると巣を離れ、空き家にするようです。残った巣は、巣虫と呼ばれる蛾の幼虫がきれいに食べ尽くしてしまいます。1～2年その場所を休ませて衛生環境が戻ると、またその場所に新しい

セイヨウミツバチ

ニホンミツバチ

群れがやってきて営巣を始めます。ただし環境がよければニホンミツバチでもその場に何年もとどまる群れもあるようです。

プロポリスを作るのはセイヨウミツバチ

セイヨウミツバチは、巣を病原菌から守るために何をしていると思いますか？　信じられないかもしれませんが、自ら「天然の殺菌剤」を作って巣穴に塗布し、殺菌してから産卵をするのです。それが樹脂と、蜜ろうや唾液を混ぜ合わせて作る「プロポリス（ハチヤニ）」です。さらにセイヨウミツバチは、敵から家族を守るためには、巣に近づく動物や人間に対して果敢に攻撃を加えてきます。

それに対してニホンミツバチは、プロポリスは作りませんし、セイヨウミツバチに比べたらとても温厚で、花のない季節以外は近づいてもめったに刺さないのです。

セイヨウミツバチを飼うなら

「蜜蜂飼育届出書」の提出が必要

初夏の巣別れ群の情報を聞いて、「捕まえて飼ってみたい」と思われる方もいるかもしれません。しかし、その方法はあきらめてください。

自宅や所有している土地がミツバチを飼えそうな環境なら、誰でも飼育することはできます。蜜源の豊富な場所ならばたくさんのハチミツを収穫できますので、販売すればそれなりの収入を得られるかもしれません。ただし販売には保健所への届出が必要です。

ともあれ実際にセイヨウミツバチを飼うには、それなりの覚悟と手続きが必要となります。なにも準備していない状況で、いきなり飼育はできません。

まず飼育にあたっては、たとえ趣味の養蜂であっても毎年

1月末までに、住所地の各都道府県に「蜜蜂飼育届出書」を提出しなければいけません。これは「養蜂振興法」で定められています。限られた蜜源植物を、ハチ群同士が争うことなく計画的に最大限利用するために、ハチ群を適正に配置する調整が必要になるからです。

ですから飼育届けを提出しても、調整結果によっては飼育できない場合もあります。新しく養蜂を始める場合は、まずは飼育前に必ず、飼育を予定している場所の都道府県の畜産担当部署に相談しましょう。

また、飼育方法を知らずに飼うことはできません。セイヨウミツバチは、ニホンミツバチのように野生のミツバチではなく、牛や豚と同じような人間が育てる「家畜」です。放っておいて飼えるハチではないのです。事前にある程度の知識を持つことが必要です。

詳しい飼育方法については、さまざまな本もでていますし、私も所属する全国組織「(一社)日本養蜂協会」のホームページからは、飼育に関するマニュアルや手引書もダウンロードできます。さらに協会に入会すれば、養蜂資材やダニ駆除薬などの購入や、業界新聞「日蜂通信」の購読もできるなど、都道府県によって状況は違いますがさまざまな活動が行われています。

飼育には準備と心構えが必要

飼育に必要な道具があります。それは巣箱、巣枠、巣礎、燻煙器、蜜刀、ツール、遠心分離機、蜜濾し器、電気牧柵、越冬用の砂糖などです。養蜂器具メーカーのカタログには20〜30万円の初心者向けのセットも掲載されています。

巣別れ群が、初めて飼育する方にとっては決して飼いやすい群れではない理由はいくつもあります。まず、はたしてこれから家族を増やせる群れかどうかわかりません。「巣別れ」は女王バチが生きている2〜3年の間、毎年行われます。初めて巣別れする群れであればハチの数も多いですし、少なくともあと2年は飼いやすい群れでいます。でも巣別れが毎年続くたびにハチの数が少なくなり、女王バチの産卵数も減ってしまい、群れが大きくなれない可能性があります。プロの養蜂家であれば、新しい女王バチを育成して群れの更新もできますが、素人の方にはとても難しいのです。

さらにその群れが、病気を持っている場合があります。あるいはその時は病気でなくとも、飼養者の管理が悪いと餌が不足して産卵が止まってしまったり、スズメバチに襲われたり、ミツバチに寄生するダニが増えたりして群れのハチ数が減り、巣の中の衛生を保てずに病気がでてしまうこともあります。

巣に棲みつくダニは病気を媒介する原因にもなっていま す。万が一、病気が出たまま放置されてしまうと、健康な群れにハチミツを盗まれてしまい（盗蜜）、近くの養蜂家が飼育するハチ群に病気の感染が広がることになります。

セイヨウミツバチを飼育したいと思ったら、いきなり巣別れ群を捕獲して飼育するのではなく、準備万端に整え、飼育法を勉強し、周辺環境に配慮して飼育上のルールを守ることなどが必要です。そしてある程度の覚悟を持って、養蜂問屋もしくは養蜂家から巣箱ごとハチを購入するのがいいでしょう。養蜂の経験を積むことでミツバチの性質がわかり、いずれは巣別れ群の処理もできるようになります。

ニホンミツバチを飼うなら

重箱式巣箱で巣別れ群を捕獲する

ニホンミツバチの飼育はとても人気です。本が何冊も出版され、インターネット上でも詳しい情報を見つけることができます。私自身も、若い頃に所属していた「日本在来種みつばちの会（藤原誠太代表）」の情報を見ながら、10群ほどまで増やしたことがありました。環境教育に力を入れていた地元の小学校から頼まれて、毎年校庭で飼って観察し、ハチミツの収穫をしたこともありました。しかし本業がおろそかになったこと、急激な人気上昇とともにニホンミツバチとセイヨウミツバチのよさを競わせるような論調に出会ったこと、販売されるニホンミツバチのハチミツのべらぼうな価格に辟易してしまい、飼育をやめてしまいました。

しかし２０１９年に、ワークショップ体験にみえる親子向けにいろんなハチのことを知ってもらおうと、また飼うことを思い立ち、久しぶりに巣箱を作ってみました。ニホンミツバチを捕獲するには、空の巣箱を設置して、そこに巣別れ群が自ら入ってくれるのを待つのが基本です。

巣箱は「重箱式巣箱」といい江戸時代に考案された、重箱の底がない箱を数段重ねた巣箱です。ハチミツは一番上に蓄えられているので、採蜜は上から1段目と2段目の隙間に、タコ糸や薄い包丁を入れて切ることで、2段目からの蜂児（ほうじ）がいる巣を取らずにすむ優れものです。

とりあえず自宅と山あいの工房に設置しましたが、なかなかハチが入ってはくれません。巣箱にまったくミツバチの匂いがついていないうえに、自宅付近は水田と果樹園に囲まれているので、元々のハチの数が少ないようです。また工房は、すぐ前の山が邪魔して日当たりが悪く、新居選びの候補地としても魅力がないようです。若い頃にしたように野山に数カ所仕掛けて、群れが入ったら工房に移動させないといけないようでした。

そんな時、地元の工場から、ニホンミツバチの巣別れ群の駆除依頼が入りました。どうせ逃げられるとは思いましたが、巣箱にハチの匂いが付けば他の群れが入りやすくなるので、捕獲を引き受けることにしました。

捕獲した群れの入った巣門を1日閉じておくことで、仕方なくそこで巣作りをさせるという強引なやり方もありますが、炎天下でハチを巣箱に閉じ込めるのは、生理的にしたくはありません。昔、ハチを移動させてうっかり1箱だけ巣門を開けるのを忘れ、群れを死なせてしまったことがあるのです。なので逃げられて元々と、そのままにしておきました。

すると翌日天気がよくなったのに逃げ出さないでいてくれました。2〜3日後には花粉を運び入れるハチも確認でき、ぶじ営巣してくれたことに大喜びしました。

いったん営巣がすんだら、ここから群れを増やすのは簡単です。使われていない一番下の段の巣箱や採蜜した巣箱を、別の新しい巣箱に一段加えておくのです。ハチの匂いの付いた箱なので、巣別れ群が新居として選びやすくなります。

重箱式巣箱

巣箱の作り方

巣箱の作り方には、いろいろなこだわりがあるようですが、基本は同じです。近頃は、セイヨウミツバチのように巣枠で飼育する巣箱も販売されています。ここでは江戸時代から使われてきた「重箱式巣箱」の作り方を簡単に紹介します。

なお、ニホンミツバチは新しい木の香りを嫌います。トラップ巣箱は、仕掛ける数カ月前には作って放置し、香りをとばしておくとよいです。

材料の木材は、製材所で挽いてもらえれば一番いいのですが、ホームセンターで厚さ24㎜×幅12㎝の板を見つけたので購入しました。薄い板だと夏は暑く、冬は寒いので、室温調整に無駄な体力をハチに使わせることになります。また1段ごとの高さが高いと、小さな群れだと採蜜の時に蜂児の入った巣まで収穫してしまいますし、蓄えたハチミツをすべて採ってしまうことになりかねません。大きな群れなら少し経ってから2度採蜜すればいいので、12㎝幅くらいがちょうどいいと私は思っています。

巣箱作りは、多くの方がインターネット上で紹介していますので、いろいろ参考にしてみてください。内側にアクリル板を貼り、板をはずすと巣の中の様子が見られる窓をつける方もおられます。

トラップ巣箱を仕掛ける

自宅に設置するのなら、5段のままでもいいですが、群れを捕まえる「トラップ巣箱」としてどこかに置くのでしたら、3～4段あれば充分です。桜が咲く頃から6月くらいまでが巣別れの季節なので、この頃、日当たりのいい斜面の大きな木の根元などに仕掛けておき、群れを捕獲します。

できれば、巣箱にはニホンミツバチの蜜ろうを温めて内側に擦り付けて塗っておくと、ハチが入りやすくなります。あるいは近頃は、ニホンミツバチが集まってくるように、キンリョウカの花と同じ匂いを合成して作ったものも販売されています。キンリョウカとは、ニホンミツバチの集合フェロモンに似た香りを出す植物で、花粉交配してもらうためにこの匂いをだすといわれています。

若い頃は、たくさん仕掛けたこのトラップ巣箱に、群れが入っているかを確かめるのが楽しみで、毎日午前中の時間を費やしていました。おかげで本業が疎かになってしまうこともありましたし、残念なことに巣箱ごと盗まれることも、たびたびありました。これも、しばらくニホンミツバチを飼うことから遠ざかってしまった理由でした。

でもニホンミツバチの飼育を復活させてから、工房は現在、セイヨウミツバチ、アシナガバチ、ドロバチ類、ハナバチ類、そしてニホンミツバチまでお見せすることができる施設となりました。

ニホンミツバチの重箱式巣箱を作る

1 長さ30cm×幅12cm×厚さ24mmの板を４枚×５段分（＝合計20枚）切って正方形に組み立てます。４枚１組で重箱式巣箱の１段分ができるので、この箱を５段分作ります。

2 各箱の正面に「巣門」を刻みます。できればオオスズメバチが入り込みづらいよう、大きさは８mm位がいいです。
私は刻むのが面倒だったので、ドリルで２個ずつ大きめの穴を開け、オオスズメバチが来たら板をあてがって小さな隙間にしています。

ニホンミツバチは縦長に刻むのがいいと昔聞きましたが、横長もおすすめします。というのも知人がスマートフォンを巣箱の中に挿し込んで写真や動画を撮っていたのです。昔、小学校で観察していた時は、大きな鏡を下に置き巣箱を持ち上げて中を見せていたので、この文明の利器には驚いてしまいました。

3 足を付けた底板を作ります。底板は箱がずれないよう、細木を両端の内側に２本打ちつけますが、時々掃除できるように、２cmほどの角材を挟んで浮き上がらせ、前後が抜けるようにしています。
各段には巣門を開けないでここだけを巣門にする方もいます。

普段は、その隙間に２cmの角材を挟んで塞いでおき、掃除する時は、前後の隙間から外に押し出します。スマホ撮影もここからできます。

天板は、少し傾斜をつけた屋根を本体に金具で固定して付けています。それぞれの箱がずれないようにするため、両側面に適当な角材をビス留めしています。

4 採蜜の際に巣が落下しないように、各段の上に竹ひごやバンセンなどをクロスになるように取り付けます。今回は３mmの太さのアルミ棒をタッカーで固定しました。これで完成です。

3
巣箱掃除をするために、角材で隙間を塞いだところ

4
各段の上に巣が落下するのを防ぐアルミ棒を取り付ける

巣から採蜜する

採蜜は、巣を観察して、ハチミツの貯まり具合を見てから行いましょう。私は、巣の天板をはずして、一番上の段にどれだけハチミツが貯まっているかを確認してから採蜜します。特に巣別れしたばかりの群れや、花のなくなる秋の収穫は慎重に行うべきです。家族が小さい群れはまだまだ収蜜力も弱く、幼虫を育てるので精一杯な状態です。秋に採蜜してしまったら、それから花のない季節に入ってしまうので、ハチたちの貴重な餌がなくなってしまいます。

また、ニホンミツバチのハチミツは糖度が低いうちに収穫しがちです。すると、発酵してしまいます。蜜蓋が全面にかけられていることを確認してから収穫することも大切です。

採蜜する時の手順ですが、まず巣箱の屋根の上から、木槌などで軽く叩きます。すると振動を嫌ってハチたちが下の段に移動してくれます。セイヨウミツバチでこれをすると、興奮して身体中刺されることになるので、ありがたい習性です。

ミツバチがハチミツを貯めるのは巣の上部です。1段目と2段目の隙間からタコ糸もしくは薄いナイフを刺し入れてゆっくり切り離します。箱に付いた部分を切り離しながら蜜巣を収穫します。ハチが付いていたら濡らした刷毛を使って払います。専用の刷毛は養蜂問屋で購入できます。

なお、空になった巣箱は、基本は一番下の段に戻しますが、私は新しい箱と交換しています。ハチミツを採った箱は、別の新しい巣箱に一段加えるようにしています。巣別れ群がだんぜん入ってきやすくなるからです。

蜜巣からハチミツを取り出す

収穫した蜜巣からハチミツを取り出すには、二つの方法があります。

一つは細かいザルの上に巣をバラバラに砕いて載せて自然に落下させる方法です。養蜂問屋で販売している専用の蜜漉し器は便利です。完全に落ちるまで一晩はかかりますから、埃が入らないようラップをかけておきます。気温が低いと落ちにくいので暖かな季節にす

ハチミツ搾りのワークショップを楽しむ子供たち

るのがいいですね。

もう一つの方法は、このあたりに伝わる「ハチミツ搾り」です。若い頃に祖母に教わりました。手ぬぐいやサラシ布を縫って適当な大きさの袋を作ります。そこに巣を砕きながら入れて、それを布の上からつぶすように搾るのです。あまりたくさん入れると一人では大変になりますので、まずは少量でやってみてください。できれば、一人が袋を吊って、もう一人が搾るといいですね。

私はこれを親子の体験教室でやっていますが、終始歓喜の声が鳴り止みません。ハチミツにまみれる手のベタベタな感触と、その手を舐める甘さ、終わった後の手に付いた香り、滅多にできない体験となります。

なお、糖度が低いハチミツを収穫した場合は、フタをゆるめて冷蔵庫に入れて使用するか、多少栄養は損なわれますが、加温して水分を蒸発させて糖度を上げることをおすすめします。

ハチミツの販売について

ハチミツの販売にあたっては、保健所への届出が必要です。また、国の施策により、令和３年より製造・加工、調理、販売などを行うすべての食品等事業者はＨＡＣＣＰに沿った衛生管理のための計画を策定することになりました。このことにより、小規模事業者及び一定の業種にあたるハチミツ販売に関しても「ＨＡＣＣＰの考え方を取り入れた衛生管理」を実施することとなりました。（一社）日本養蜂協会及び、（一社）全国はちみつ公正取引協議会は「はちみつの瓶詰め等の製造におけるＨＡＣＣＰ導入の手引書」を作成し、厚生労働省のサイトで公開しています。ハチミツ販売において、より一層の衛生管理が求められることとなっているので、販売を望まれる方はこうした情報を参照してください。

巣虫の被害も健康群であれば最小限ですむ

ハチノスツヅリガや、ウスグロツヅリガなど、巣を食い荒らすガの幼虫のことを、通称「巣虫」といいます。憎らしい天敵だとみなす方もいますが、養蜂家はそれほど、懸念すべき害虫だとは思っていません。なぜならミツバチが健康群であれば、被害はないからです。

ですが女王バチが高齢となって産卵数が減り、それにともない働きバチの数も減って巣を守りきれない〝末期群〟になると、巣虫の食害にあってしまうのです。また、病気や農薬被害を受けた場合も同じことが起きます。

　セイヨウミツバチの巣であれば、巣箱から巣を1枚1枚取り出して内見できるので、そのような群れを見つけたら新しい女王バチに更新します。しかし、巣の中を内見しづらいニホンミツバチの飼育では、ある程度巣虫の被害に遭うのは仕方ないことです。

　でも私は、これも〝自然の摂理〟だと考えています。野生のニホンミツバチには空家を貸して自由に繁殖をしてもらい、蜜がたくさん貯まった時は少しいただく程度の飼い方が、いいのではないでしょうか（我が家はハチミツには困らないので、そんなふうに思えるのかもしれませんが）。

ニホンミツバチの越冬

　温暖な地域では、越冬のさせ方をそれほど心配することはありません。なにしろ、野生のミツバチですから。ただし雪国の場合は、雪が溶ける春まで巣の内見ができないので、少し世話をしてあげたいものです。

　寒い冬を過ごすために、ミツバチはハチミツを食べて体温を上げています。ハチミツは燃料でもあるのです。また春の訪れを感じると、雪の中でも産卵を始めますから、幼虫の食べる蜜や花粉も巣の中に充分に蓄えられている必要があります。上の蓋を開けて蜜の貯まり具合を確認したり、巣箱を持ち上げて軽いようなら、秋のうちに砂糖水の給餌をたびたびします。

　余裕がある時期に私は、巣箱を断熱のアルミシートで覆ってあげています。さらに雪で巣箱が倒れないように3～4本の角材を斜めに巣箱のまわりに立て、上部を縄で結んで雪囲いをします。

　春、無事に越冬して、巣箱から出入りするミツバチたちを見ているとホッとします。私にとって春の訪れを感じる一番のできごとです。

蜜ろうを楽しむ

ミツバチを飼う楽しみの一つに、ハチミツを搾り終えた巣を「蜜ろう」として精製し、利用することがあります。ミツバチ1群から収穫できる蜜ろうの量はとても少なく、セイヨウミツバチで300～500g、ニホンミツバチなら100～200gだと思います。ここでは、そんな少量の蜜ろうを精製する方法を紹介します。

精製作業を台所ですると、流しなどが蜜ろうまみれになる恐れがありますので、カートリッジコンロを使って屋外ですることをおすすめします。

まず鍋にたっぷりのお湯を沸かして、蜜ろうを「湯洗い」します。鉄鍋、銅鍋は蜜ろうを変色させてしまうので、ステンレスやアルミ鍋がいいです。お湯は蜜ろうに対して2～3倍以上必要です。多ければ多いほどいいです。

次に、濾過します。別の鍋の上に焼き網を乗せて、小さなザルを置き、着なくなったシャツの布とか、リードのようなマット系のキッチンペーパーを敷いたものを乗せます。そこに湯洗いを終えた蜜ろうをお湯ごと流し入れ、濾過します。

1時間も経てば、蜜ろうだけが薄く浮いて固まります。取り出してからもう一度、今度は口径の狭いミルク鍋を使って、蜜ろうと同量程度のお湯で煮ます。溶けたら火を止め、少し経つと蜜ろうが上に分離するので、レードルを使って蜜ろうだけをすくい、もう一つのミルク鍋に入れます。この時、蜜ろうの下にあるお湯は入らないように注意します。お湯の表面にうっすらと残った蜜ろうは、固まったら取り出して、裏側にカスが付いていたらスクレイパーなどで削り取り、乾燥させて保管しておきましょう。新しい巣箱の匂い付けに使えます。

ミルク鍋の精製した蜜ろうは、キャンドル以外ならどんなものにも使えます。すぐ使わなければ、鍋ごと暗い所において保管します。固まりにしたければ、温度計で測って70度位に冷めたら、タッパーなどの容器に流し入れます。完全に冷えて固まれば取り出せます。取れない時は軽く衝撃を与えれば外れます。溶かす時は、大きな鍋のお湯に入れて湯煎して溶かせば、高温にならないので品質を保ったまま使えます。

直火で溶かす場合は極弱火で、すべて溶けきる前に火を止めます。うっかりすると高温になって湯気が立ち、引火する場合があります。蜜ろうも硬くなって臭いが付き、茶色に変色するので気をつけましょう。

精製した蜜ろうは、キャンドルやハンドクリーム、蜜ろうラップ、カヌレなどのお菓子作り、木や皮製品のクリームなど、様々に使えます。拙著『蜜ろう入門』では、「蜜ろうの品質」「キャンドルや蜜ろうラップの作り方」「初めての人でもできるキャンドル作り」など、そのノウハウを余すところなく紹介していますので、こちらも参考にしていただければ幸いです。

私が行うワークショップの中でも人気なのが、ハンドクリーム作りです。簡単にできるので、ぜひ作ってみてください。全身に使うスキンクリームとしても使えます。

『蜜ろう入門』（農文協）は蜜ろうの品質の見分け方や、初心者でもできるキャンドル作りなど、蜜ろうの魅力や楽しみ方を丸ごと伝える１冊です。

蜜ろうハンドクリームの作り方

①作りたい量の蜜ろうと植物オイルを小鍋に入れ湯せんで溶かします。おすすめの比率は、蜜ろう１：オイル４です。50ｇのクリームを作るとしたら、10ｇの蜜ろうに40ｇのオイルを入れます。オイルの量の割合を増やせば柔らかく塗りやすいクリームができますが、保湿力は蜜ろうが多い方が強いようです。

②溶けたら湯せんからはずし、よくかき混ぜます。

（※）アロマオイルは、初めから入れると香り成分が揮発してしまいます。湯せんからはずして少し冷めてから入れます。

③容器に入れてできあがり。プラスチック容器に入れる場合は、なるべく冷ましてから入れてください。

（※）プロポリス液はアルコール抽出しているので、蜜ろうが液体のうちに入れると分離して混ざりません。容器に入れて固まりはじめたら、お好みの量を入れてスティックで混ぜ合わせます。

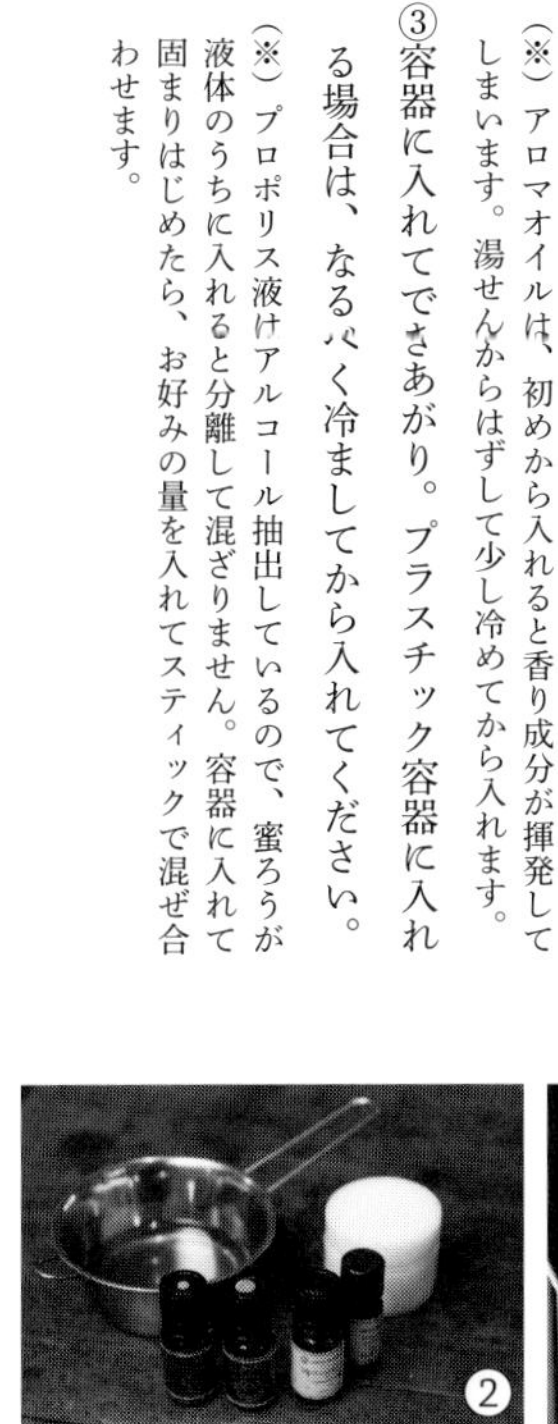

【準備するもの】
蜜ろう：肌に触れるものです。できれば養蜂で使用するダニ駆除剤などの残留薬剤検査済みの安全なものを選んでください。
植物オイル：酸化しづらいホホバオイル、オリーブオイル、ココナツオイルなど。なるべく有機栽培で、酸化防止剤が入っていないもの。
アロマオイル：香りで癒やされたい場合。
プロポリス液：抗炎症作用を高めたい場合。
容器：なるべく遮光ビンか、プラスチックであれば耐熱性があるもの。
小鍋、湯せん用の小鍋、かき混ぜるスティック

付き合い方――巣別れ群を捕獲する

捕獲までの流れ

ミツバチの駆除依頼には、二つのパターンがあります。それは、「巣別れ群」が飛んできて庭木などに蜂房を作りぶら下がった時。そして、住宅やお墓、樹木などで生活を始めた「営巣群」の場合です。

巣別れ群は刺さない

ミツバチの巣別れ群の駆除依頼が電話で入ると、まず「巣別れ群は刺さない」ことをよく伝えて安心してもらいます。巣に近づくとあんなに攻撃的なセイヨウミツバチも、巣別れの最中でまだ巣がない時は、強く触らない限り刺す気はありません。

私は試しに、大きな蜂房の中に素手で静かに指を刺し込んでみたことがありますが、刺されませんでした。

かのメーテルリンクは巣別れのことを、「すべての仕事を放棄できる一年に一度のカーニバルだ」と表現しています。私は、セイヨウミツバチの人間に対するプレゼンテーションではないだろうかと思っています。大げさに飛び回り「刺さない私たちはここにいますが、捕まえませんか」と、アピールしているように思えるのです。そうやって人間に飼われることで、セイヨウミツバチは世界中に分布を広げてきました。

なにしろハチミツ欲しさに人は、巣箱を花のある場所に移動し、餌がなくなれば砂糖水をあげ、巣箱内が汚れれば掃除して、天敵のスズメバチや熊からも守ってあげるのです。セイヨウミツバチは、日本では（小笠原を除く）人間の手が入らなければ生きていくことができない「家畜」です。ネコ型昆虫とか人依存型昆虫とも呼ばれるゆえんです。

依頼電話の段階で、種類を判定

駆除依頼の電話を受けたらまず、ハチの様子がわかる写真を送ってもらえないか、話をします。それができない時は「巣別れ群は刺さない」ことを伝えて、もう一度、巣別れ群の近くに行ってもらい、いくつか質問します。特に巣別れの季節は、実家の採蜜を手伝っている季節でもあるので、私も時間に余裕がなく、確実に作業が発生するかどうかを電話で判断します。なにしろ、下見に行くだけ骨折り損な場合が多いからです。

そして、依頼されたのがニホンミツバチかセイヨウミツバチかを、確認します。電話の段階でニホンミツバチの巣別れ群であることの確信が得られれば、放っておいていいことを伝えています。そのうちにまた飛び立つからです。

先方に質問する内容ですが、三つあります。まず一つ目は「ぶら下がった蜂房の大きさ」です。基本的にはニホンミツバチは小さく、セイヨウミツバチは大きいです。メロンとスイカ位の違いがあります。ただし、大きなニホンミツバチの群れ、小さなセイヨウミツバチの群れのパターンもあります。

二つ目の質問は「ハチの体表の色」です。基本的にニホンミツバチは黒っぽく、セイヨウミツバチは黄色っぽいです。ただし、これもセイヨウミツバチに黒い種もいるので一概に判断は難しいです。

そして最後。確信を得られる三つ目の質問が、「樹木のどんな所にぶら下がっているか」です。枝のないつるっとした幹にぶら下がっているならニホンミツバチ。枝がごちゃごち

上／セイヨウミツバチの巣別れ群（蜂房を作ったところ）
下／ニホンミツバチの巣別れ群（蜂房を作ったところ）

ゃ出ているような場所にぶら下がっているならセイヨウミツバチです。ただ、これもセイヨウミツバチがつるっとした幹にぶら下がっていることもあります。

こうした三つの質問への答えを総合的に判断して、駆除するミツバチの種類を事前に把握しているのです。

ニホンミツバチの「巣別れ群」の処置

ニホンミツバチの場合は、たいていは巣別れする前に新居を決めているようです。空の巣箱を置いておくと、巣別れの2〜3日前から数匹のハチが出入りして、巣を守っているのを何度か見たことがあります。このあたりの巣別れ群は、午前中の気温が上がる頃にやってきて樹木に蜂房を作り、午後にはいなくなります。ただ、温暖な地方のニホンミツバチは2〜3日とどまっていることもあるらしいので、気候の違いで巣別れの習性にも違いがあるのかもしれません。ですから、依頼者にはそのままにしておくといなくなることを伝えて終わります。

ニホンミツバチを飼育したい時は、箱に入れて群れをいただくこともあります。ただし成功する確率は低いです。翌日、逃げ出されたことが何度もあります。捕獲した翌日は巣門を開けないで閉じ込めておくとか、女王バチを見つけて羽を切るとか、強引な方法があるようですが、私はしたことがありません。

ニホンミツバチを飼育したい場合は、空箱のトラップ巣箱を仕掛けて、巣別れ群が入るのを待つのが一般的です（詳細は129ページ）。

なお、ニホンミツバチの飼育も養蜂振興法により、たとえ趣味の養蜂であっても、住所地の各都道府県に「蜜蜂飼育届出書」を提出しなければなりません。

セイヨウミツバチの「巣別れ群」の処置

セイヨウミツバチの巣別れ群を見つけたら、駆除業者に連絡する前に、まずは近くの養蜂家に連絡しましょう。養蜂家がいない場合は、自分が住んでいるところの市町村、もしくは都道府県の畜産課に問い合わせれば地元の養蜂協会支部の方を紹介してもらえます。

私のところにも、一般の方や近隣の町役場から電話がかかってきて処理に向かうことがよくあります。養蜂家が逃してしまった群れの場合もあるので、地元山形県養蜂協会の役員を務めている身としては、責任を持って確保しています。

ですが最近は、花粉交配用に、簡易な狭い箱で通販されてくるミツバチが多数使用される時代になり、それが逃げ出したパターンも多く見られます。そのような小さな家族のセイヨウミツバチは群れの数が小さいので、巣の衛生環境を維持できずに病原菌を持っている場合があり、里地で飼育する養蜂家の大きな群れが盗蜜して感染し、病気が蔓延する困った事態も起きています。

そのことも、人里の養蜂家が減っている理由でもあります。確保したセイヨウミツバチの巣別れ群は、しばらく隔離して飼って様子をうかがい、万一、法定伝染病など重篤な病気が出れば、家畜衛生保健所に連絡して、かわいそうですが焼却処分してもらうことになります。

捕獲の実際（セイヨウミツバチの場合）

セイヨウミツバチの巣別れ群の捕獲は、まったくハチを飼ったことがない方にはすすめられません。養蜂を始めた方なら、ある程度の習性も知り、必要な道具も持っているので、容易に行うことができます。

習性を知ることが大切

2019年のことです。私の住む地域でハチのことを余り知らない素人の方が、住宅街に飛んできたセイヨウミツバチの巣別れ群を捕まえようとして失敗し、たくさん刺されて手に負えなくなり、凶暴化したミツバチが大量に残されてしまう事態が起きました。

その処理を私が依頼され、女王バチを失った残りバチたちをきれいに捕獲するのに、私ですら3晩もかかってしまいました。その方の敗因は、軍手でした。巣別れ群の温厚なミツバチでも、無理やり捕獲しようとすれば刺しますし、毛羽立ったものは大嫌いなのです（もしかしたらハチミツをとろうとするクマの毛の記憶が、ハチの遺伝子に組み込まれているのかもしれません）。

普段の養蜂でも、ハチが誤って髪の毛に入っただけで興奮して刺してくるので、私たちでも蜂場に近づいたら帽子だけはかぶるようにしています。

どのハチもそうですが、習性を知っていれば痛い思いも、難儀することもないのです。ここで紹介する方法は、捕獲後に逃げられる確率は高いですが、ニホンミツバチの巣別れ群の捕獲にも同様に行えます。

服装と準備

防蜂ネット、長靴、ゴム手袋、腕カバー、燻煙器、ミツバチ用巣箱、巣板、コンテナや脚立など巣箱を置く台。

捕獲の時間帯

捕獲作業は明るい日中のうちに行います。人通りが多い場所なら、夕方の方が捕獲したミツバチに刺される二次被害もなくてすみます。

セイヨウミツバチは巣別れの最中であれば、飛んでいる時も、蜂房になってぶら下がっている時もたいへん温厚なのですが、自分たちの巣ができると一転、守りに入って近づいた人を刺し始めるようになるのです。

捕獲方法

1 巣別れ群がぶら下がっている真下の近い距離に、蓋をはずした巣箱を置きます。換気窓の付いた蓋なら、ガムテープを貼ってふさいでおきます。ここから入ろうとしてしまうハチもいるからです。巣箱の中には、他の群れで作った巣板を数枚入れておき、巣箱の巣門は開けておきます。ニホンミツバチの場合は、重箱式巣箱を3段くらいにして置きます。高い場所に蜂房がある場合は、農業用コンテナを重ねるか脚立を使うとよいです。

2 ぶら下がっている枝を思いっきり振るって蜂房を巣箱に落とし、急いで巣箱上部の蓋をします。飛び回っているハチたちが女王バチの匂いに気づいて入りやすいように、蓋を3㎝ほど開け、巣門も開けておきます。枝には、飛んでいるハチたちがまた集まり始めますので、時々枝を振るって散らします。もしくは、燻煙器の煙をかけて離れさせます。この時、巣箱に入らなかったミツバチたちが乱舞して飛び回りますが心配はいりません。しだいに巣箱の中にいる女王バチの匂いに気づいて巣箱に入ってきます。ある程度、ハチが入ったら完全に蓋をします。巣門は開けたままです。

3 ぶら下がっていた枝の近くに巣門が来るように、巣箱の位置をずらします。

4 まもなく、残っているハチたちも巣箱の中に女王バチの匂いを嗅ぎつけて、羽を震わせながら、面白いようにぞろぞろと入っていきます。ここまで10～15分ほどの作業時間で捕獲完了です。ただし、巣箱にハチたちが入っていかない場合があります。それは、巣箱の中に女王バチが入らなかったからです。その際は蓋を開けて、もう一度枝を振るって群れを落としてみてください。

5 少し時間が経つと、温厚なハチから巣を守るために刺すハチになるので、必要ならば人が近づかないようロープを張り、貼り紙をして注意を促します。暗くなるまで巣門は開けたままにしておきます。

6 暗くなると、働きに出ていたハチたちが巣箱に戻ってい ますので、巣門を閉め、捕獲現場から3㎞以上ほど離れた場所に移動させます。捕獲した場所に近いと、元の場所の記憶にしたがって、戻ってしまうからです。巣門を開ければ引っ越し完了です。

なお、セイヨウミツバチの巣別れ群が新居を探し出せない時、そのまま枝にとまったまま営巣を始めてしまうことがよくあります。蜂房をよく見て、巣を作っているようであれば、営巣を始めた群れになっています。こうなると、迂闊に近づくと家族を守るために刺してきます。このような「営巣群」の捕獲については、次項にまとめました。

蜂房のいる枝をふるって巣箱に落としたところ

付き合い方——営巣群を捕獲する

営巣群の捕獲は難しい

　これまでミツバチの捕獲を経験した場所は、壁の中、神社の祭壇の下、お墓の中、リンゴの木箱の中、樹木の枝などがあります。正直なところ、ミツバチの営巣群を捕獲するのは巣別れ群と比べてもとても面倒です。巣をはずしながら、捕獲しなければならないからです。

　蜜や幼虫が入った巣をつかめば潰れて手がベタベタになりますし、どうしてもハチの体を触ってしまい刺されます。巣別れ群の捕獲と比べるとある程度の準備もいりますし、作業時間も最低1時間はかかります。また季節的に、たいていは炎天下での作業になってしまいますから、暑くて埃っぽい屋根裏の営巣群の捕獲などは依頼されてもきっと断りたくなるでしょう。また作業中は、周囲をハチが飛び交いますから、住宅街などでは事前にお知らせをして非常線を張り、人が近づかない配慮が必要です。

　しかもニホンミツバチは、苦労して捕獲しても、たいていは翌日にはきれいに逃げ出されることも多いのです。

　ここでは捕獲作業の流れを手短に説明しますが、この場合もまた、ミツバチの飼育経験がない方にはとてもできません。群れを見つけたら近くの養蜂家や養蜂協会に連絡して捕獲してもらいましょう。

捕獲の実際

捕獲する時間帯

　捕獲作業は明るい日中のうちに行います。

準備するもの

バケツ3個（ハチミツ収穫用、手洗い用、不要な巣を入れる用）、水、燻煙器、スクレイパー、はけ、巣箱、空の巣板×3～4枚、給餌箱、巣礎を貼っていない巣枠×3～4枚、針金

※巣を作らせていない巣枠に、5cm間隔で針金を巻きつけます。これは蜂児（蛹）の巣や、花粉の入った巣を、捨てないでここに挟みこんで巣箱に入れるためのものです。

※燻煙器やスクレイパーなどは、万一病気が移る場合がありますので、駆除専門に準備するか、使用後によく殺菌します。

ミツバチの営巣群の捕獲

道具
- 燻煙器
- スクレイパー
- ハチミツ収穫用のバケツ

など

① 捕獲作業中はたくさんのハチが飛び回りますから、住宅地なら人が近づかないように、非常線を張るなどの対策をとります。
捕獲に必要な道具、巣箱を事前に用意しておきます。ハチミツで手がベタベタになるので、手を洗う水を入れたバケツは必須。また群れの大きさにもよりますが、空の巣板を3～4枚、巣箱の手前にセットしておきます。

2階の軒下に作られた、ミツバチの営巣群。高い場所での捕獲は苦労する

② 巣を作られた場所の様子を見ます。巣を取り出すときに障害となる、板壁や軒天板などがあれば、燻煙器で巣に煙をかけながら外します。大工さんに協力してもらうのもいいでしょう。

作業ができるように、軒下近くまではしごをいくつも組み合わせて届かせる

③ 巣にハチが大量にいる場合は、「吸蜂掃除機（77ページ）」で先にハチを吸って数を減らしておくと、後の作業が楽になります。

吸蜂掃除機でハチを吸う

④ 巣板を外側から外していきます。ハチミツは上の方に蓄えられていますから、スクレイパーを使って、まずは空の部分を切り取ります（4-1、4-2）。巣板にいるハチは振るうか、刷毛を使って巣箱に払い、巣を用意していたバケツに入れます。ハチミツの入った巣は、別のバケツに入れて取り分けます。手がベタベタになるので、バケツの水で洗いながらやるといいです。
ただし、ニホンミツバチの場合は、作られた場所にもよりますが、木槌で巣のそばを叩くとハチたちを巣の外へ移動させることができます。セイヨウミツバチを叩くと怒って刺されます。

巣板をスクレイパーで外していく

巣板を外し終わったところ

⑤ 花粉を中心に蓄えた巣があるなら、準備していた骨組だけの巣枠に挟み入れ、巣箱の端のほうに入れます。花が少ない季節は花粉不足が心配されます。花粉は大切な幼虫たちのタンパク源になっています。
有蓋蜂児（蛹）の巣板が現れたらフタのかかった蛹の部分だけを切り取って、これも骨組みだけの巣枠に挟み入れて巣箱に入れます。蓋のない幼虫の巣は、取っても柔らかくてつぶれてしまいます。残念ですがあきらめましょう。

蛹のいる巣を巣枠に挟み入れる

⑥ 中の方の巣には産卵する女王バチがいますので、見逃さないように確認しながら作業することが大切です。女王バチを見つけたら、指先で巣箱の巣に誘導します。うまくできない時は、さっと羽をつかんで移してあげます。素手でやっても絶対に刺しませんから安心してください。これで捕獲は、ほぼ成功したも同然です。飛び回っているハチたちは女王バチの匂いに気づき、しだいに巣箱に入っていきます。あとは、ゆっくり巣の切り取り作業を進めます。

7 全部の巣を切り取り終えたら、餌箱に蜜巣の部分をたっぷり入れて巣箱の端に入れます。特に秋など花の少ない季節は、餌切れとなって死んでしまいますので、絶対に必要です。それでも余った時は、その後の給餌用にストックするか、蜜源の豊富な季節なら依頼者に差し上げています。

蜜巣の部分を巣箱の端にたっぷり入れて餌にする

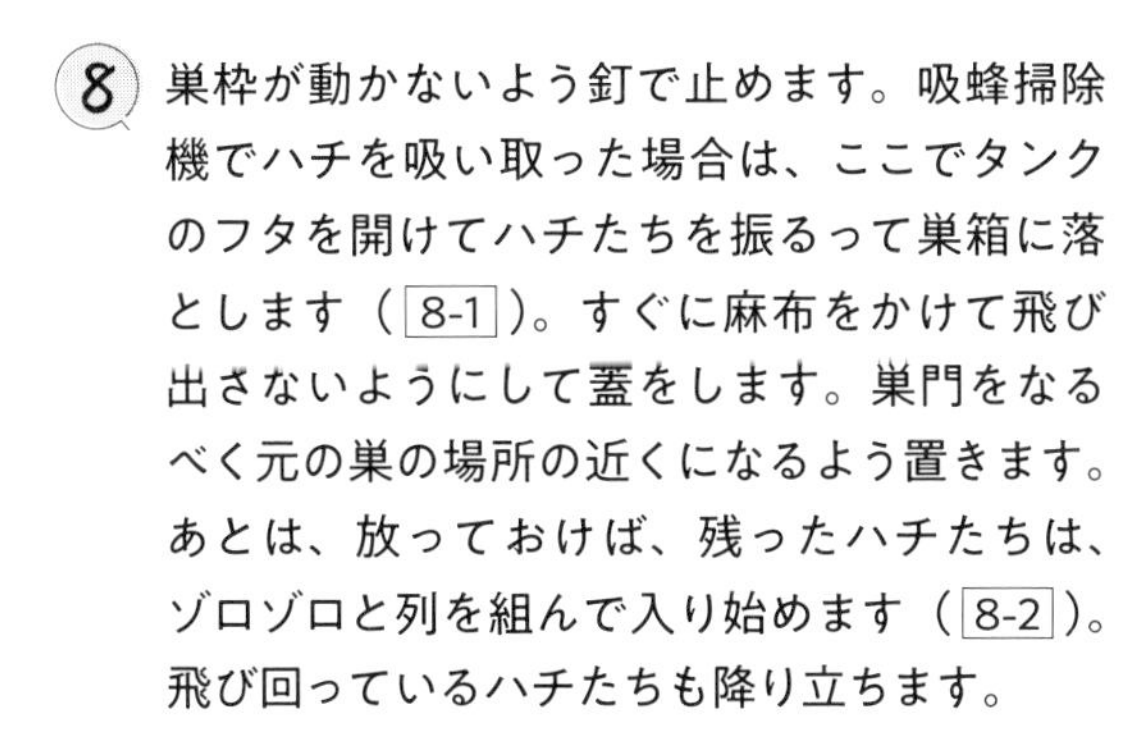

8 巣枠が動かないよう釘で止めます。吸蜂掃除機でハチを吸い取った場合は、ここでタンクのフタを開けてハチたちを振るって巣箱に落とします（8-1）。すぐに麻布をかけて飛び出さないようにして蓋をします。巣門をなるべく元の巣の場所の近くになるよう置きます。あとは、放っておけば、残ったハチたちは、ゾロゾロと列を組んで入り始めます（8-2）。飛び回っているハチたちも降り立ちます。

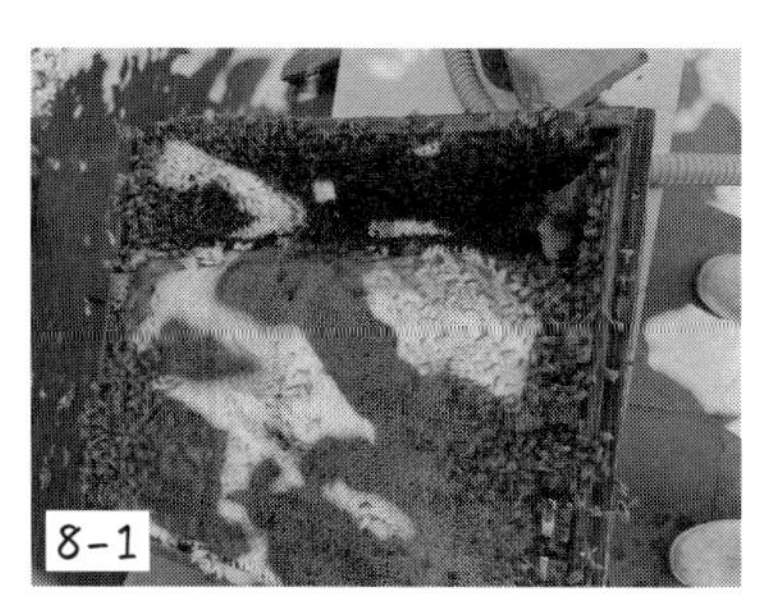

巣箱に振り落としたハチたち（飛び立たずに巣箱に収まってくれるように麻布をかけたところ）

9 暗くなったら巣門を閉めて、3km以上離れた場所に移動させます。近い場所に置いてしまうと記憶が残っているので、働きバチたちはまた同じ場所に戻ってしまうからです。
捕獲した群れは、たびたび内見をします。挟み込んでいた蜂児が羽化し終えた巣は取り除き、新しい巣礎を貼った巣板を足します。餌が少ないようならハチミツや砂糖水を給餌します。

残ったハチたちも巣箱に入っていく

捕獲し移動させた群れ

あれば便利な吸蜂掃除機

軒下の営巣群の捕獲を頼まれた時は、作業しづらかったので、思い切ってアシナガバチの章で紹介した吸蜂掃除機（77ページ）を使ってみたことがありました。これは掃除機の吸い取りパイプの間にタンクを取り付けたもので、ハチたちを吸い取ってタンクに収めてしまう方法です。

時間はかかりましたが、ほとんどのハチを吸い込めたので、巣をはずすのが大変楽に行えました。ハチを傷めることも、指先をチクチク刺されることもありませんでした。まだ一度しか経験がありませんが、吸蜂掃除機での捕獲は有効だと思います。

忌避スプレーを使って追い出す

2020年のこと、近所の方からお墓の中のミツバチをなんとかしてほしいと依頼がありました。見に行ってみると、墓石と礎石の間になぜか1㎝ほどの隙間が空いていて、ニホンミツバチが盛んに出入りしていました。

人里では貴重なニホンミツバチです。殺したくはなかったので、一か八か忌避剤を入れてみることにしました。しかし、巣別れしてまもなくの群れなら追い出せた経験はありますが、何年もすんでいる群れはなかなか追い出せなかったという、苦い経験があります。今回も1年前からそこにいたとのこと。まずハッカの香りのネズミ用の忌避スプレーを毎日入れてみました。しかし、ハチが騒ぐことはあっても、案の定出て行く様子はありません。

そこで、以前から気になっていたものを購入し使ってみました。それは「ビークイック」という採蜜時に使う忌避剤です。巣板に付いたハチを振るって落とすのは、とても重労働です。試したことはありませんが、採蜜作業をする少し前にこの忌避材を専用ボードに塗布して、巣箱の蓋の代わりに載せておくだけで、多くのハチたちが臭いを嫌って、下の段の巣に移動するという優れものです。成分は天然オイルとハチの嫌いなハーブエキスで作られています。購入してみると、たしかにハチどころか私もこの臭いには参りました。車の中に少しこぼれてしまい、しばらく不快な思いをしました。

さっそくお墓の隙間から毎日噴霧してみると、3日後につい にいなくなりました。まだ1回だけの成功なので確実とは言いがたいですが、今後もやってみる価値は充分ありそうです。

6章

クマバチ、
マルハナバチ、
ドロバチ

クマバチ

優秀な花粉媒介昆虫

りんごやフジの花が咲く季節に、父に教えられた遊びの一つが「空に小石を放り投げること」でした。どういうことかというと、クマバチが猛烈な勢いで小石に向かって飛んでくるからです。それが面白くて何度も石を放り投げては楽しみました（実は今でもクマバチに会いたくなると、空に放り投げています）。

なぜそういう行動をとるのかは大人になってから知りました。オスバチが小石をメスバチだと思って、確認しに近寄ってくるのだそうです。

クマバチは体長が大きく、飛んでいる姿は2㎝を超えます。その大きな体格にしては小さめの羽根で、ものすごい羽音を立てて飛び回るので「襲われる」と誤解している人も多いようです。でも、まったく温厚なハチです。

ちなみにこのあたりでは、オオスズメバチのことを「クマバチ」と呼び、クマバチやマルハナバチのことは丸々とした体形から「だんごバチ」と呼んでいます。

クマバチはいろいろな花を訪れる、優秀な花粉媒介昆虫です。特にフジの花はこのクマバチのことが大好きです。フジの花弁はとても硬い構造をしており、ほかの小さなハチたちの力ではなかなかこじ開けられないのですが、いざクマバチが花に止まって蜜を吸おうとすると花弁が開き、花粉をクマバチの体に付着させるのだそうです。フジは、特にクマバチ

花粉媒介昆虫のクマバチ

に花粉媒介を委ねているのです。

木材にパイプ状の穴を開けて営巣

神社仏閣などで軒先を見上げると、直径1・5㎝ほどの丸い穴を見かけることがあります。これはクマバチの巣です。巣室となる穴を開けて深く削り、幼虫のために貯蔵します。その中に蜜と花粉で固めた花粉団子を詰めて、幼虫のために貯蔵します。穴を開けてでてくる削りカスは、部屋の仕切りに使うそうです。花粉を詰めては産卵することを繰り返す姿はサクランボやりんご園などの授粉に活躍するマメコバチも同じです。

私は、枯れ枝に産卵している姿を見たことはありませんが、インターネット上で見た写真では、枝の表皮を破らないよう上手に削ってパイプを作り、産卵していました。その繊細な作業はまるで、パイプ作りの職人のようだと思いました。

そのクマバチの巣を駆除したことがあります。ある時、行きつけの歯医者から「大きな黒いハチが車庫に巣を作り、治療室を飛び回って大騒ぎになったので駆除してほしい」と電話がありました。

下見に行ってみると、営巣していたのはクマバチでした。車庫の軒下にある厚さ3㎝ほどの破風板に、まるで電動ドリルで開けたような丸い穴がいくつも空いていたのです。彼らは強靭なアゴを使って穴を開け、花粉を詰めて産卵します。孵化した幼虫は花粉を食べながら成長し、翌春に生まれてきます。しばらく観察していると、数匹のクマバチがたしかに出入りしていました。どうやら代々ここで営巣活動をしているようです。

これには、どの対処法が一番よいか迷いました。放っておけばまもなく繁殖期が終わるので、このままにしておいても今年は被害がないはずですが、また来年同じことが起こります。かといって今、殺虫剤をかけて無益な殺生はしたくありません。

試しに、炭焼きをする時に出る木酢液を、巣穴の周りに塗ってみました。木酢液は、ハチにとってはなによりの忌避剤です。クマバチは、人が触らない限り刺さない温厚なハチなので、駆除作業にはゴム手袋もネットもかぶらずにやりました。木酢液を塗るとすぐ、巣室の中にいたクマバチはたまらず外に出てきました。外から帰ってきたハチは巣に入りたくても入れず、空中で行ったり来たりを繰り返しました。そうとう嫌いな臭いなのでしょう。

さて、問題はここからです。長い板を打ち付けて全部の巣穴を塞ごうかと思いましたが、木酢液の臭いが薄れればまた、その強靭なアゴで板に穴を開けてしまいます。トタン板のようなものをいずれ大工さんに貼ってもらうことをすすめ、とりあえず持ってきていたチューブゴムを貼り付けてみました。すると、ゴムはさすがに噛み切れなかったようで、その後いなくなったとの報告を受けてほっとしたのでした。

それにしても驚いたのは、穴の長さです。穴からまっすぐ数cmほどの長さに掘ってあるのがせいぜいだろうと思っていましたが、朽ちた板をはがしてみたら、穴の入り口から90度横に進路を変えて、なんと30cm近くも掘っていました。

恥ずかしい話ですが、私は子供の頃から虫歯だらけで大人になっても一年中、歯医者に通っています。そんな私とひきかえ、クマバチたちは「なんて強靭な歯を持っているのだろう」と、少しうらやましく思った出来事でした。

マルハナバチ

ミツバチの仲間で外来種もいる

毎朝私は、窓の外にある家庭菜園の野菜の育ち具合を眺めながら、歯磨きをしています。すると、ゴーヤやキュウリの黄色い花が1花ずつ、ピョンとおじぎするように順番に揺れます。それを見ると私はいつも、「ありがとう」とつぶやきます。

花を揺らしていたのは、野菜の授粉作業を一手に引き受けてくれているトラマルハナバチのしわざです。私の家庭菜園は自然農で栽培しており、化学農薬を一切使わないので、トラマルハナバチも安心して蜜や花粉を幼虫に食べさせられるのでしょう。私とマルハナバチは、ギブアンドテイクのいい関係でつながっているのです。

日本には15種の在来のマルハナバチがいるそうです（エゾトラマルハナバチ、トラマルハナバチ、オオマルハナバチ、

オオマルハナバチ。私の指にとまっています

トラマルハナバチ。私の家庭菜園で授粉中

コマルハナバチ、ヒメマルハナバチなど。在来のマルハナバチが、外来種であるセイヨウオオマルハナバチによって生態系を攪乱されていることは、2章で述べました）。

マルハナバチはミツバチの仲間なのですが、集団では越冬せず、アシナガバチやスズメバチと同じように、来年の新女王バチが単独で越冬します。土の中などに潜り込んで越冬した女王バチが春に目覚めると、ミツバチと同様に自分でろうを分泌して蜜壺のような巣を作り、家族を少しずつ増やしていきます。そして働きバチが増えると女王バチは産卵に専念します。秋になると来年の新女王バチが生まれ、その年の女王バチや働きバチは寿命を迎えます。

巣を見つけるユニークな方法

ある日、窓を開けたとたんにオオマルハナバチが入り込んできたことがありました。窓ガラスがあり出られなかったので、すぐに指先に薄めたハチミツを付けて飲ませてあげました。すると爪の間に口のストロー（口吻）をチクチク、痛いくらいに刺してきてびっくりしました。一瞬、強烈に吸われている花の気持ちになったのを覚えています。

残念ながら私は、マルハナバチの駆除依頼は一度も受けたことがなく、自然営巣群の巣を見つけたこともありません。蜜壺のような巣にハチミツが貯まっているところを、一度でいいからこの目で見てみたいものです。

三重大学の故松浦誠先生の著書『ハチの観察と飼育』（ニュー・サイエンス社）に、ユニークな巣の見つけ方が紹介されていました。マルハナバチが訪花する種類の植物の葉に、ハチミツを薄めたものを噴霧器でかけておびき寄せ、吸い終わって巣に戻るハチを追いかける方法です。姿を見失ったらそこにとどまり、別のハチが来るのを待ってまた追いかけます。巣を見つけたら、出入り口になる短いホースを取り付けた木箱に巣を入れ、外に出入りできるようにして飼うことが紹介されていました。やってみる価値はありそうです。ただダニやツツガムシと共生している場合があるので、取り扱いは慎重にとのことでした。

ドロバチ

9月からのイモムシ狩りに期待

ドロバチ科のハチたちには、オオフタオビドロバチやエントツドロバチ、フタスジスズバチ、サイジョウハムシドロバチのように葦や竹筒の穴、カミキリムシが開けた樹木の穴などを産卵場所とするハチがいます。穴の奥に産卵して幼虫の餌となるチョウやガなどの幼虫（イモムシ類）を狩り、卵のそばに詰め込んで泥で隔壁を作り、またイモムシを入れて産卵することを、穴がいっぱいになるまで繰り返します。そして穴の入り口までいっぱいになると泥で固く蓋をします。

さらにまた別の穴を探し、おそらく1カ月ほどの命が尽きるまで、このような狩りと産卵を繰り返すのです。さびしいことに、母バチは羽化した子供たちと会うことはありません。

エントツドロバチ。ハチパイプに産卵をしにきたところです。

3章で紹介したアシナガバチは、残念ながら9月になると子育てを終え、もうイモムシ狩りをしなくなることはすでに述べました。アシナガバチ畑移住プロジェクトで協力してもらっている「はしもと農園」でも、毎年9月になるとイモムシの被害が多くなるそうです。そこで現在、9月以降のイモムシ駆除の切り札として期待しているのが、このドロバチたちです。

近頃、その裏付けとなる素晴らしい書籍と出会いました。岩田久二雄さんの『ドロバチのアオムシがり』（文研出版）

オオフタオビドロバチ。『ドロバチのアオムシがり』で紹介されたハチ

という児童書です。なんと1973年に出版されたものです。オオフタオビドロバチの生態が詳しく紹介されているのですが、驚くべき話が書かれていました。

まず、7月末までに母バチが産んだ卵は、1カ月後の8月末にはもう羽化するといいます。私は、ミツバチやアシナガバチ、スズメバチといった家族を作るハチ以外は、翌年に羽化するものと思っていたので驚きました。

なにより素晴らしいのは、9月から、幼虫が孵化して活動時期になるのです。あえてアシナガバチがイモムシ狩りをしなくなる時期を狙って産卵するように進化したのかもしれません。ということは、8月末に畑に移住させると同じ年の秋に活躍してもらえる可能性があるのです。アシナガバチからのなんて素敵な連携プレイとなることでしょう!

次に驚いたのは、アオムシを狩る数です。1匹の母バチは、7月におよそ30個の卵を産むそうです。母バチは卵1個につきおよそ10匹のアオムシを狩りますから、母バチは一生で300匹のイモムシ駆除に貢献したことになります。これだけでも凄いことですが、驚くのはここからです。

その卵は同年の8月末に羽化しますが、生まれた30匹のうち、狩りをするメスバチはおよそ10匹だそうです。10匹とはいえ、それぞれ一生で300匹を狩るので、生まれたメスバチ10匹は合計で3000匹のイモムシを狩ることになります。母バチ、その子供のメスバチの分を合わせると、なんと3300匹にものぼります。これはフタモンアシナガバチが、一夏に1群でアオムシ2000匹を狩るのをはるかに上回ります。私はこれまで完全にドロバチ類の働きを見くびっていました。

さらに驚くべきは、私が考えていたドロバチの農園での活用を、50年前にすでに青森のりんご農家の竹嶋儀助さんがやっていたことです。1・8 haのりんご畑でミカドドロバチを繁殖させ、ハマキムシの害から守っていたといいます。

竹嶋さんは畑の小屋の軒先に、前の年に産卵してあった竹筒230本と、たくさんの新しい竹筒を設置したそうです。すると9月末には、726本の竹筒に産卵がみられたそうです。気になるりんご栽培への効果ですが、何もしていないりんご畑の1/10の被害ですんだとのこと。

さらに『ドロバチのアオムシがり』の最後に書かれていたのが、農薬による公害のことです。もともと害虫を殺すためだけに農薬を使ったのに、本来は有益な虫、鳥、魚も住めないほど自然を汚し、ついに人間まで住めないようになっているので「ハチを使った生物的防除を利用しよう」と結んであるのです。半世紀前にすでに農薬の使用を危惧した予言は、今日ますます本当のことになっているように思えてなりません。

著者の岩田さんのことを調べると、昆虫研究の草分けであり、文人かつ詩人で、芸術の才能にも富むナチュラリスト。「日本のファーブル」と呼ばれた方だったそうです。他のハチについてもそうですが、先人たちが残したこのような研究成果を今の時代に活かすことが、未来に生きることにつながると、つくづく感じています。

ドロバチ畑移住プロジェクトの始まり!?

2020年のこと。使っていない戸袋の雨戸の隙間に集団営巣する、エントツドロバチの駆除依頼を受けたことがありました。そこには数十匹のハチたちが頻繁に出入りしていました。これだけの数のハチたちが畑にいたら、そうとうな働きをしてくれるに違いありません。工房に設置した、ハチのすみかとなる「ハチパイプ（後述）」の観察によれば、エントツドロバチやオオフタオビドロバチ、フタスジスズバチたちは10月はじめまでイモムシを捕まえる姿を確認しています。

さっそく新たなハチパイプを作り工房の壁に設置してみました。たくさん増えたら、はしもと農園に持っていくつもりでしたが、あまりたくさんのドロバチたちは来てくれませんでした。増えるのには相当時間がかかるのかもしれませんし、私の工房の周辺は移住させたアシナガバチの子孫がたくさんいますから、餌のイモムシが不足している環境なのかもしれません。

これを踏まえて2022年に、閃いたことがありました。それは離れた野山に複数のハチパイプを仕掛け、雪が降る前に回収して翌春に畑に設置する方法です。

そこで細竹をたくさん購入し、葦を刈り取ってきました。畑に置く時にミツバチの古巣箱を利用したいと思ったので、長さを30㎝で統一しました。節が真ん中にくるようにして両端から入れるようにすれば、有効活用できます。さまざまなドロバチが利用できるように、口径のサイズもさまざまにしました。そして30本位ずつまとめてきつく縛り、濡れないよう波トタンを巻きました。これを、6月中頃に人目のつかない野山や山手の知人宅など、10カ所に設置。誰かに捨てられないよう、私の名前と連絡先を貼り付けておきました。6月に仕掛けたのは、一足先にマメコバチたちに細いパイプが占領されないよう、営巣活動が終わるのを待っていたからです。

2022年の9月現在、確認して回ると、順調に巣作りしているものもありますが、まったくしていないものもあります。さらに、目当てのドロバチではなく、違うハチ（大きなオオハキリバチ、キリギリスの仲間を狩るアルマンアナバチ、コクロアナバチなど）の方が多いものもあります。もちろんそのハチたちも畑には有効ですが、ドロバチ類が予想よりも少ないのは少し残念でした。やはり置く場所や周辺の植生なども、考慮しなければならないようです。

　これを雪が降る前に回収して、翌春に農園にまとめて置けば、少ないとはいえ羽化したドロバチたちがイモムシ駆除に春から秋まで活躍してくれるはず。なにより、アシナガバチが狩りをしない9月の時期のイモムシも狩ってくれます。さらにオオハキリバチなどの訪花するハチたちも生まれれば、野菜の花粉交配もしてくれますし、アナバチたちには害虫のバッタ類も狩ってくれることを期待します。

　毎年「ハチパイプ」を増やせば、群れの数を減らさず維持できるのではと考えています。結果は1～2年では出せないかもしれませんが、アシナガバチのようにコツコツ取り組んでいこうと思っています。成果は私の「アシナガバチ畑移住プロジェクト」のブログ（https://ameblo.jp/asinagaoji/）で公開していきますので、興味をもたれた方はぜひご確認ください。

ドロバチ畑移住プロジェクトに使うハチパイプ

付き合い方

「ハチパイプ」で様々ハチのすみかを作る

ここで様々なハチのすみかとなる「ハチパイプ」のことを紹介します。このハチパイプ作りを思い立ったのは、私の本業である蜜ろうキャンドル製造があったからでした。

製造の際に出る廃棄物の一つに、キャンドルの灯芯の糸を巻いていた紙製のパイプ（口径１㎝）があります。何かに使えるのではと捨てられずにいたのですが、15年ほど前にハチたちの産卵場所として、このパイプを提供しようと思い立ちました。

その年の春に工房の壁に箱を設置し、そこにパイプを詰め込んでおいたのです。ハチパイプを訪れるハチたちは温厚な種類ばかりで、手でつかまない限り人を襲うことはないので、工房を訪れた方が刺される心配はありません。

当初の予想では、マメコバチのようなかわいらしい姿のハチがくると思って楽しみにしていました。マメコバチはセイヨウミツバチとともに、りんご園での花粉交配に活躍しているハチです。農家ではパイプ状になっている葦を束にして、巣として畑に設置しているのをよく見かけます。ですがお目当てのマメコバチはやってきませんでした。パイプの口径が大きすぎたようです。

時は過ぎ、オオハンゴンソウの咲く夏に最初にやってきたのは、スズメバチくらい大きくて黒い、オオハキリバチでした。刺さないとはわかっていても、大きいので少し緊張して間近で観察しました。マメコバチと同じく、花粉を幼虫の餌にします。

オオハキリバチがおなかにたっぷり黄色い花粉をつけて帰って来ると、パイプに頭から入って行きました。少し経つと出てきて、今度はお尻から入って行きます。何をしているのか調べてみると、最初はハチミツを吐き出し、その後、お尻から入って花粉を掻き落とします。ハチミツに花粉をまぶして、孵化した幼虫のために甘い花粉団子を作ってあげるのでしょう。さらに花粉を運んで産卵を繰り返し、パイプの入り口までいっぱいになると、褐色のベトベトしたもので入り口を塞いでいました。これは松脂だそうです。部屋の仕切りにも松脂を使うといいます。

ある時、赤いおなかがきれいなハラアカヤドリハキリバチがやってきました。オオハキリバチが作ったパイプの入り口をガリガリかじって壊そうとしています。以前、故松浦誠先生の研究を手伝ってチャイロスズメバチを捕獲していた時に、このハチがトラップに入っていたことがあり、その生態を教えてもらいました。

ハラアカヤドリハキリバチは、オオハキリバチがせっかく作った巣に侵入して幼虫を噛み殺し、自分の卵を産みつけるのだそうです。そして孵化した幼虫は、オオハキリバチが集めた花粉を食べて成長するので、「労働寄生蜂」と呼ばれます。オオハキリバチがかわいそうで何度も追い払いましたが、むだな抵抗でした。

ほかにやってきたのはオオフタオビドロバチです。アシナガバチと体つきが似ているので、知らない人が見たら「刺される」と思うかもしれませんが、やはりつかまない限り刺しません。黒い体でおなかに黄色い帯が2本あるのが特徴です。

このように、ハチパイプを設置することで3種類のハチがやってきて、さまざまな生態を知ることができました。この経験をのちに「ハチのおうち作り」ワークショップ（162ページ）にも活かしています。現在はさまざまな太さのパイプを入れることで多くの種類のハチたちが来るようになりました。

「ハチパイプ」にやってくるハチ①
イモムシを狩る

私の工房のハチパイプにやってくるハチたちを一部ですが、簡単に紹介します。成虫の活動期間は、山形のものです。

オオフタオビドロバチ

体色は黒色で、腹部背面に黄色い鮮やかな帯が2本あります。1本のパイプを泥で仕切りながら、餌を詰めて産卵を繰り返します。成虫の活動期間は6月～10月上旬。幼虫の餌としてメイガやハマキガなどの幼虫を

狩るそうです。

エントツドロバチ（オオカバフスジドロバチ）

体色は黒色で、腹部背面にオレンジ色の帯が2本あります。巣が完成するまでにその入口をエントツ状に伸ばします。オオフタオビドロバチと違い、巣の幼虫が孵化しても餌を随時運び入れ、その後泥で塞ぐそうです。羽化したハチたちも同じ場所で繁殖する傾向があるようで、畑に集団営巣させることもできそうです。成虫の活動期間は6月～10月上旬。幼虫の餌としてメイガ、ハマキガ、キバガ、ヤガなどの幼虫を狩るそうです。

ミカドドロバチ

体色は黒色。体の模様は変化があるらしく、肩、腰、そして腹部背面に黄色い横帯が数本あります。泥で仕切りながら、1本のパイプに餌と産卵を繰り返します。ハマキガ、メイガ類の幼虫を狩るそうです。残念ながら私はまだ出会えていません。

フタスジスズバチ

ツヤのある黒い体をしていて、腹部は黄色の帯が2本あり、第1節は小さく、2節目が大きいのが特徴です。トックリバチと似ていますが細身です。成虫の活動期間は6月～10月上旬。1本のパイプに餌と産卵を繰り返し、子供部屋は葉を噛み砕いて唾液と混ぜ合わせた壁で仕切るそうです。幼虫の餌としてメイガ、ハマキガ、キバガ、ヤガなどの幼虫を狩るそうです。

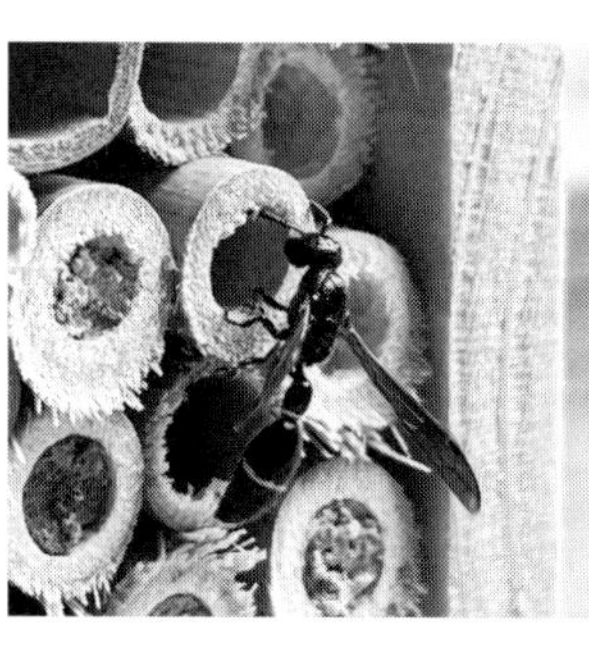

チビドロバチの仲間

チビドロバチは体長1cmほどの日本で最も小さなドロバチだそうです。フタスジスズバチを小さくしたようなかわいいハチです。卵を産みつけたハマキガなどの幼虫を巣に運び、ガの幼虫の体内で育つそうです。ネギコガの幼虫も狩るそうですから、畑での活躍が期待されます。ほかにカタグロチビドロバチや、ムナグロチビドロバチなどもいますが、正直なところ、私はまだどれだか判断がつきません。

サイジョウハムシドロバチ

このハチも体長1㎝ほどと小さく、チビドロバチとも似ています。ゾウムシやタマムシなど甲虫の幼虫を狩るそうです。茅葺屋根の細い葦筒をすみかにします。

フカイドロバチ

体色は黒色で、腹部の第1～2背板の後半、および第3節以降が黄褐色のハチです。竹筒などに泥の仕切りを作り営巣し、幼虫の餌としてメイガやハマキガなどの幼虫を狩るそうです。このハチにもまだ出会えていません。

「ハチパイプ」にやってくるハチ②　バッタ類を狩る

アルマンアナバチ

体は大きく黒色で、後脚の付け根が赤く、アルマンモモアカアナバチとも呼ばれています。竹筒にキリギリスなどのバッタの仲間を詰め込んで産卵し、大量のコケを詰め込みます。私のところでは、パイプを利用するハチの中でもっとも秋遅くまで、苔や獲物を運ぶ様子が見られます。

「ハチパイプ」にやってくるハチ③花粉交配する

マメコバチ

正式な名前はコツノツツハナバチ。山形ではセイヨウミツバチとともにサクランボやりんごなどの花粉媒介に利用されています。成虫の活動時期は、4月中頃～5月末。

セイヨウミツバチが働かない、気温が低い時も働くので、畑に葦パイプを設置する農家も多いです。ミツバチは足に花粉団子をぶら下げて運びますが、マメコバチはおなかに付着させて運びます。

ツツハナバチ

正式な名前はマルバツツハナバチで、マメコバチととてもよく似ています。正直なところ、私はまだマメコバチとツツハナバチの違いがわかりません。

私のところのハチパイプを利用しているのは、体毛がより黄褐色に輝いて見えることと、山間地なので、おそらくツツハナバチだと思っています。4月後半に生まれて、5月に盛んにパイプを出入りしますが、6月になるとパタっといなくなります。

オオハキリバチ

体は黒色で、胸部に黄褐色の毛があります。スズメバチくらい大きいので怖がられ、駆除依頼がたびたびあります。ハキリバチなのに営巣に葉っぱを使いません。松脂を使って蓋をしますが、ハラアカヤドリハキリバチがかじって侵入し、労働寄生されます。成虫の活動時期は、7月～8月。

クズハキリバチ

オオハキリバチよりいくらか小さく感じますが、とても似ています。クズの葉を丸く切って、カミキリ虫の開けた穴や樹皮の隙間などに詰め込み花粉を入れ産卵をします。成虫の活動時期は、7月～8月。環境省のレッドリストに登録されています。

バラハキリバチ

体つきはオオハキリバチやクスハキリバチと似ていますが、大きさは小さくセイヨウミツバチより少し大きいくらいです。クズハキリバチと同じで、穴の中に葉っぱを詰め込み、部屋を作り花粉を詰めて産卵します。バラに限らずいろいろな葉っぱを切り取るそうです。

ツヤハナバチ

ススキ、ヨモギ、セイタカアワダチソウなど、髄のある植物の枯れ草に穴を開けて産卵するそうです。私はまだ確認できていません。

「ハチパイプ」にやってくるハチ④ 寄生する

シリアゲコバチ

体は黒色で、腹部などに黄色い帯があります。ハチなのにお尻が尖っていないのは、産卵管を腹部背面に背負う形態をしているからです。その姿を拡大して見ると、まるでトランスフォーマーロボットみたいです。オオハキリバチ、ツツハナバチなどに寄生するようで、何度追い払ってもやってきます。成虫の活動時期は、7月～8月。

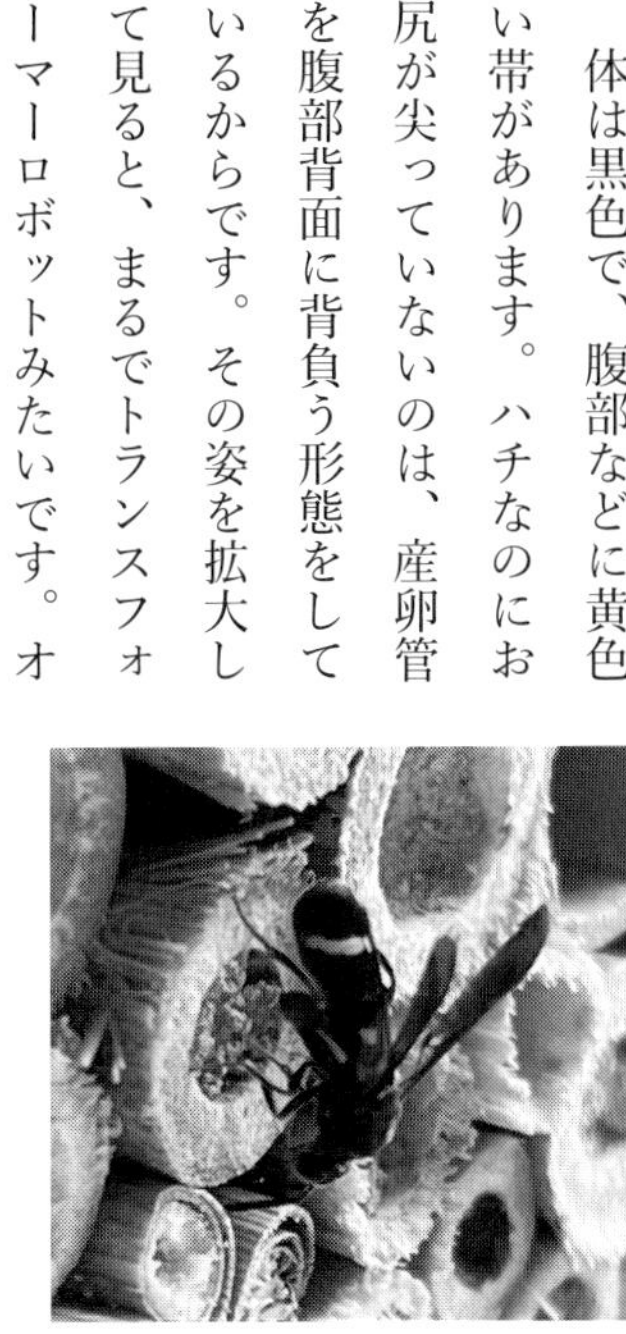

ハラアカヤドリハキリバチ

体は黒色で、おなかは赤褐色。羽には紫が入り美しいハチですが、オオハキリバチの巣をガリガリかじって侵入し、幼虫を噛み殺して産卵し、孵化した幼虫は、オオハキリバチの集めた花粉を餌に育ちます（労働寄生）。成虫の活動時期は、7月～9月。

シロフオナガヒメバチ

長い産卵管を持つオナガバチの一種で、体色は黒色で胸背に黄色い斑紋があります。産卵する様子を見たところ、体長より長い産卵管をパイプ入り口の泥の隙間から突き刺してまもなく抜きましたが、よく見るともう1本は刺さったまま。抜いたのは産卵管が収まっていた鞘だったのです。その産卵管で樹木のキバチ類の幼虫も見つけ出し産卵するそうです。成虫の活動時期は、6月～9月。

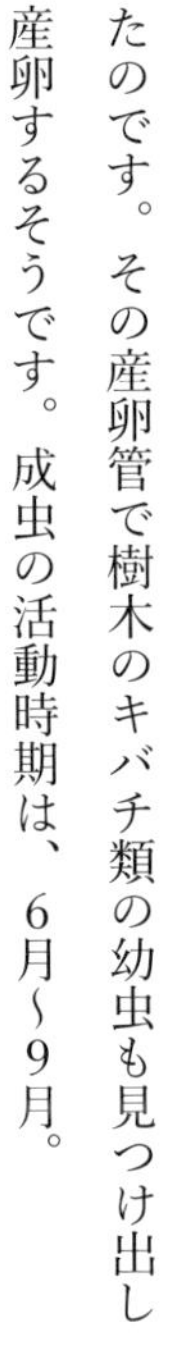

子供たちと楽しむ「ハチのおうち作り」ワークショップ

数年前に、山形市の子供向け英会話教室「デコボコ英語」の方から、「ハチのワークショップをして欲しい」という依頼を受けたことがあります。以前、画用紙でたくさんのパイプを作ってハチの巣にして飾っていたことを思い出し、ハチパイプを使った「ハチのおうち作り」ワークショップを実施することにしました。

そこでまず、試作をはじめました。ハチがすむ場所として、両端に穴の開いているパイプ状の植物を探すと、葦、イタドリ、竹、笹竹が見つかりました。これらの植物は穴の口径もさまざまなので、いろいろなハチたちが集まってくることでしょう。

次に、そのパイプを入れるための箱作りをします。ホームセンターで11㎝幅の板を見つけたので、四角く組み立て、背面を合板で塞ぎました。接着剤は速乾木工用ボンドを使いました。速乾性のボンドは1分くらいで接着するので釘を使わず、子供でも安全に箱を組み立てられます。

箱の中に、集めて乾燥させておいた植物を10㎝の長さに切って詰め込んでみました。すると詰めても詰めても、隙間が埋まらないのです。結局、1箱に70～80本も必要でした。1本が10㎝の長さなので1箱作るのに、植物を7～8m分用意する必要があることがわかりました。ワークショップの参加人数を15人で予定していたので、必要な分はなんと100m以上。準備した植物だけではとうてい足りません。

そこで閃いたのはストローです。使い捨ての代表格となっているプラスチックストローですが、ただ捨てるのならハチのために提供したほうがずっといいです。この時は市販の新品を購入しましたが、日々の生活で使ったものを貯めてもらえば、充分な材料が集まりそうです。

こうして、四角の箱に植物やストローのパイプを詰めて完成させましたが、なんだか味気なく感じて、かわいい三角屋根を付けてみました。すると思いがけず屋根裏部屋のスペースができました。クモを餌にするモンキジガバチがここに巣を作りそうです。看板を取り付け、ぶじ試作は完成。かわいい「ハチのおうち」ができそうです。

いよいよワークショップ当日。前半はプロジェクターで写真を映し、ハチパイプにさまざまなハチが来ることを話しました。そのハチたちは、花粉交配して野菜や果物を実らせるハチもいれば、畑の害虫となるイモムシを狩るハチがいることも伝えました。もちろん、つかまなければ刺さないことも伝えました。

いよいよ後半は、「ハチのおうち作り」です。悪戦苦闘しながらも、子供たちは全員完成させることができました。最後に思い思いの看板をペイントマーカーで描き、取り付けました。カラフルなストローとも相まって、かわいく楽しいハチのおうちが完成しました。

このワークショップをきっかけに、現在ではいろいろな団体から申し込みをいただきます。自由研究にもなると好評です。

回数を重ねるごとに使う材料は進化して、箱の部分は木工をしている友人に板を刻んでもらい、ストローは紙製のものを使うようになりました。紙製の方がビニール製よりも、ハチが利用する率が高いようです。

どんなハチたちが来るかといえば……工房に設置したハチのおうちには、春一番にマメコバチが花粉をおなかに付けてやってきました。夏になると、花粉をたっぷり付けたオオハキリバチをはじめ、フタオビドロバチやエントツドロバチ、フタスジスズバチなどがイモムシを運んできました。アルマンアナバチはバッタを詰め込み、最後に苔を詰め込んでいました。口径が2～3㎜のもっとも細いパイプには、とても小

ハチのおうちの材料として、両端に穴の開いているパイプ状の植物を探す

「デコボコ英語」でのワークショップ。ハチの話に子供たちは興味津々

自分で作ったハチのおうちを手に

ワークショップの様子。ハチのおうち作りにみんな夢中

さな、おそらくチビドロバチが利用していました。

なかには、心からは歓迎できない寄生蜂もやってきます。先述したハラアカヤドリハキリバチのほかに、シリアゲコバチ、シロフオナガヒメバチの3種です。

なかでもシリアゲコバチの体のしくみには驚かされました。通常、ハチのお尻はおなかの方に曲がるのですが、このハチは背中側にお尻が折れて、産卵管が飛び出てくるのです。またシロフオナガヒメバチが、長い産卵管をパイプに挿し入れている現場をたびたび見ましたが、寄生される側のハチの幼虫は、せっかく母バチが産み落として育っている命だと思うと、痛々しく感じました。

こうした「ハチのおうち」を通じた観察から、子供たちがさまざまなハチに親しみ、優しい目で彼らを見られる人に育って欲しい、と心から願っています。もしかしたら、ファーブルのようなハチ博士も現れるかもとも思っています。

クズハキリバチに一目惚れ

夏休みのプールへ向かう子供たちを見ると、クズハキリバチのことを思い出します。6年ほど前のこと。地元の小学校から「プールへ向かう子供たちが刺されそう」だと、スズメバチの駆除を頼まれ見に行きました。場所は土建屋さんの資材置き場。車を降りたとたん、1枚の葉っぱがヒラヒラ目の前を飛んで行きました。よく見るとハチが運んでいるのです。

「これがハキリバチか!」

その優雅で、なんだか少し滑稽で、一生懸命にがんばっている姿に、私は一目惚れしてしまいました。そのハチを追いかけると、まもなくその先にも数枚のヒラヒラ葉っぱが飛んでいました。なにか壁の端材みたいな物が積まれていて、その隙間を繁殖の場にしているようでした。

そして、そこが依頼されたハチ駆除の場所だったのです。体格が大きく、葉を切る牙も大きいので、スズメバチと間違えられたようです。でも、よく見ると目が大きくて可愛らしいハチでした。

私は「触らなければ絶対に人を刺さないし、優秀なポリネーターだから見守って」と、先生に熱く説明して納得していただきました。私はなんとも愛らしくて毎日のように観察に行きました。しかし、1カ月も経たないうちに繁殖のシーズンは終わってしまい、ハキリバチの姿は見られなくなりました。

ビデオに収めてＹｏｕＴｕｂｅで公開してみたら、ハチに詳しい方が「葛の葉を丸く切って巣材に使うクズハキリバチだよ」と教えてくれました。さらに「近くに丸く切られた跡のある葛を見つけられるかも」と聞き、探したら本当にありました。

丸めた葉っぱに花粉を詰めて産卵して包むのだそうです。そして、翌年の夏になると生まれて繁殖活動をするとのこと。

小学校で見つかったクズハキリバチは、理解ある先生のおかげで翌夏も同じように観察することができました。しかし、3年目には見られなくなってしまいました。土建屋さんが撤去してしまったのです。仕方ないとはいえ、突然の別れにガックリきてしまい、卵の入った葉っぱの包みを少しもらっておけばよかった……と悔やみました。

いつか年寄りになったら、中庭にクズハキリバチのすみかを作って、涼しくなった夕方の縁側で、ヒラヒラ優雅に一生懸命葉っぱを運ぶ様子を、スイカでも食べながら愛でたいなと思っています。

あれから6年、一度もクズハキリバチを見ていません。花粉を幼虫の餌にするハチなので、やはりネオニコチノイド系農薬の影響があるのか、インターネットで調べたら京都府では絶滅危惧種に指定されているそうです。もう二度と見られないかも、と不安でおりました。

しかし近頃、別の町でしたが葛の葉が丸く切られた跡を見つけました。がんばって葉っぱを運んでいる姿が浮かんできてほっとしました。きっと、まもなく再会できそうな気がします。

ユウガオの実りとオオハキリバチ

スズメバチに間違えられ、濡れ衣で駆除されてしまう優しいハチたちがいます。たとえばオオハキリバチです。体格がちょうどスズメバチくらい大きく、大きなアゴをもち、体中が黒い毛で覆われています。いい場所が見つかると集団で営巣活動することがあるので、スズメバチと間違えられるようなのです。

２０２０年に、駆除依頼を受けた山形市のお宅もオオハキリバチでした。出窓の下の所にハチが入れる隙間があり、そこから壁の中に数匹が頻繁に出入りしていました。このハチは温厚だから人を襲うことはないし、建物を壊すこともないことを伝えました。しかし、やはり大きなハチなのと、小さなお子さんがいることもあり「駆除してほしい」と請われました。でもかわいそうで、私には駆除できません。どう説得しようかと考えあぐねていると、ふと大きなユウガオがたくさん成っている家庭菜園が見えました。

「美味しそうなユウガオですね」というと、「今年は特になりがよくて」とのお返事。すかさず「それは、このオオハキリバチのおかげですよ」と伝えました。

おかげで駆除はしなくてよくなりました。

大きな体のハチは、ユウガオやカボチャなどの大きな花のポリネーター（媒介昆虫）なのです。観察しているとおなかにたくさんの黄色い花粉を蓄えて巣に戻ってくるのがわかります。

体毛に覆われているハチは花を訪れるハチです（訪花昆虫）。体毛が花粉を集めるためのブラシになっているのです。たとえば、ミツバチやマルハナバチ、クマバチは全身毛だらけです。それに対してアオムシを狩る肉食のスズメバチやアシナガバチ、ドロバチなどは毛がありません。花粉を集めないからです。

私はこの一件以来、駆除する必要がないハチの駆除依頼を受けた時は、そのお宅の家庭菜園を探すようになりました。山形県は特に、田舎であればたいてい、どのお宅も家庭菜園をしています。花粉交配とイモムシ駆除は家庭菜園にとって大切な、欠かせない作業です。特に最近は「ミツバチがこなくて授粉せず、実りがない」とよくおっしゃる方がいます。ネオニコチノイド系農薬が使われるようになってから、ハチが本当に少なくなり、それを実感している方が増えているのです。

ちなみに、駆除依頼を受けた翌年、そのお宅を通りかかった時に確認したところ、オオハキリバチの巣は駆除されておらず、大きなユウガオもたくさんなっていました。うれしさがこみあげてきました。

おわりに

少し前のことですが、隣町の山あいの小学校で、窓を開け放っていた教室にアシナガバチが2匹入りこみ飛び回ったため、子供たちを体育館に避難させ、殺虫剤とハエたたきで1時限かけて駆除したと聞いたことがありました。

ハチもかわいそうですが、体育館に避難しなければならないほど「ハチは怖い」という学びを、ハチの多い山間地に住む子供たちがしてしまったことは残念なことです。

そのアシナガバチたちは、天気が悪い日に外よりも明るい教室に入ってしまっただけで、けっして子供たちを刺そうと入ってきたわけではありません。

その時にして欲しかったことは、電気照明を消すことでした。高い位置にある窓も開けて、ガラス窓をカーテンで隠せば、さらにスムーズに外に逃がせたでしょう。あるいは、まもなく窓から出ようとしてガラスに遮られますから、本書53ページで説明した、ビニールカップとハガキで安全に捕獲して外へ逃がすことができたでしょう。

つい近頃は、巨大なキイロスズメバチの巣を、使っていない建物に見つけた方から「怖い、怖い」と駆除を頼まれました。しかし、もう10月初旬でした。もっとも危険な9月を、気づかないとはいえ刺されることなく無事過ごされたのです。小一カ月もすれば1匹残らずいなくなることや、家庭菜園の害虫駆除をしてくれていた

ことも話し、このままにしておくことをすすめましたが、見つけてしまった巨大な巣の恐怖にはかないません。強く願われ仕方なく駆除しました。

でもこれらは仕方のないことです。なにしろ現代人は、ハチの生態を知る機会がないのですから。加えてテレビは必要以上に恐怖を煽る報道を繰り返します。

ハチに刺されたら誰でも死ぬと過剰に思い込み、ハチを絶対悪と考える人たちが増えています。どんなハチも花粉交配や害虫駆除で人知れず人のために活躍してくれているのに、人に知れると殺されてしまうかわいそうなハチたち。こんなに人とハチの間に隔たりができてしまった現代を、私は異常なことが起こっていると感じています。

生態を知らないから怖いのです。小学校高学年以上の理科の授業で、ハチの生態を学ぶ時間を設けることを文科省に提案しようと、真剣に考えています。そうすれば、人はハチを臆することなく、自然の恵みをもっともっと享受しながら生きられるようになります。

ハチは大切な生き物だからこそ針を持たされました。ハチは自然の分身です。SDGsが叫ばれる中、本書が多くの人の目に触れて、人とハチの社会的距離を縮める一片となることを、ひいては人と自然の距離をさらに縮める一片となることを心から願っています。

最後に、出版に至るまでに多くの方にお力添えをいただきました。アシナガバチを毎年引き受けてくださった、はしもと農園の橋本光弘様、彩子様ご夫妻。ハチの

講習会を開いてくださったみなさま。ＳＮＳなどで私の知らないことを教えてくれたハチ好きな多くのみなさま。きっと天国でサポートしてくれているに違いない松浦誠先生。やさしい絵で硬い内容を柔らかく包んでくださったイラストレーターの竹永絵里様。そして私の拙文をハチのことを勉強しながら情熱的に出版まで導いてくださった農文協プロダクションの阿久津若菜様。みなさまに心からお礼申し上げます。

２０２２年12月　安藤竜二

著者紹介

安藤 竜二（あんどう りゅうじ）

1964年生まれ。1983年より父のもと養蜂を学んだ後、1988年に日本ではじめての蜜ろうキャンドル製造に着手。ハチ蜜の森キャンドル代表。（公社）国土緑化推進機構認定「森の名手・名人」。山形県養蜂協会監事。アシナガバチを駆除せずに無農薬栽培農園に移住させる「アシナガバチ畑移住プロジェクト」主宰。

編著に『朝日岳山麓養蜂の営み』（朝日町エコミュージアム研究会発行）など、著書に『手作りを楽しむ 蜜ろう入門』（農文協）がある。

撮影

奥山淳志（口絵ⅷ、p16、p135）

デコボコ英語（口絵ⅷ、1章扉、p13、p164）

渡辺和哉（著者プロフィール）

※上記以外の写真は、著者撮影・提供

イラスト

竹永絵里

知って楽しむ
ハチ暮らし入門
―刺されない方法、安全な駆除、無農薬畑での飼い方

2023年1月10日　第1刷発行

著　者　安藤　竜二

発行所　一般社団法人　農山漁村文化協会
〒335-0022　埼玉県戸田市上戸田2丁目2-2
電 話　048(233)9351(営業)　048(233)9376(編集)
FAX　048(299)2812　振替00120-3-144478
URL　https://www.ruralnet.or.jp/

ISBN978-4-540-22123-1
〈検印廃止〉

編集・DTP制作／(株) 農文協プロダクション
印刷・製本／凸版印刷(株)
定価はカバーに表示
乱丁・落丁本はお取り替えいたします。